工业和信息产业职业教育教学指导委员会课题优秀成果
计算机技术专业教学用书

计算机操作与应用

（Windows XP+Office 2003）

朴仁淑　　岳淑玲　　主编

电子工业出版社·

Publishing House of Electronics Industry

北京·BEIJING

内 容 简 介

本教材遵循"以就业为导向、以能力为本位"的新教学理念，其编写以"情景任务"为载体，科学地构建了教材体系。通过任务引领学生了解计算机发展史、自我组装家庭计算机、能够在网上畅游，并且能够熟练地使用 Word 2003 文字处理、Excel 2003 电子表格、PowerPoint 2003 演示文稿等办公软件。学生在完成任务的同时，也提高了解决问题的综合能力和团队协作的能力。

教材内容与学生生活紧密相连，寓教于乐，使学生在情景任务中愿意学习、善于学习、乐于学习，真正达到培养学生综合能力的目的。

本书既可以作为职业院校计算机类专业基础课程的教材，同时也可以作为培训机构的培训教材及计算机初学者的学习参考书。

图书在版编目（CIP）数据

计算机操作与应用：WindowsXP+Office2003/朴仁淑，岳淑玲主编. —北京：电子工业出版社，2010.11
工业和信息产业职业教育教学指导委员会课题优秀成果　计算机技术专业教学用书
ISBN 978-7-121-11645-2

Ⅰ．①计… Ⅱ．①朴… ②岳… Ⅲ．①窗口软件，Windows XP－专业学校－教材②办公室－自动化－应用软件，Office 20037－专业学校－教材　Ⅳ．①TP3

中国版本图书馆 CIP 数据核字（2010）第 162504 号

策划编辑：肖博爱
责任编辑：肖博爱
印　　刷：北京季蜂印刷有限公司
装　　订：三河市鹏成印业有限公司
出版发行：电子工业出版社
　　　　　北京市海淀区万寿路 173 信箱　邮编　100036
开　　本：787×1092　1/16　印张：16.75　字数：428.8 千字
印　　次：2010 年 11 月第 1 次印刷
印　　数：4 000 册　　定价：28.00 元

凡所购买电子工业出版社图书有缺损问题，请向购买书店调换。若书店售缺，请与本社发行部联系，联系及邮购电话：（010）88254888。

质量投诉请发邮件至 zlts@phei.com.cn，盗版侵权举报请发邮件至 dbqq@phei.com.cn。

服务热线：（010）88258888。

前　言

本教材根据实际工作设计学习任务，通过解决实际问题引入知识，整个教学过程从知识讲授变为知识应用；从以知识、概念为载体变为以任务、案例为载体；从学生被动听变为学生主动参与；从学科本位变为能力本位；强调学习的过程就是工作的过程。

本教材主要有以下特色：

1. 以"情景任务"为载体，构建教材体系

教材精心设计了源于工作实际的若干个典型任务，教学活动以完成一个或多个具体任务为线索，把教学内容巧妙地设计其中，知识点随着实际工作的需要引入，使学生在解决问题中学习知识。

2. 以"任务"为中心，构建知识内容序化模式

本教材打破学科体系对知识内容的序化，以"任务"为主线，按照完成工作任务的过程对知识内容进行重构和优化。以任务的完整性取代学科知识的系统性，使学生在完成任务的同时掌握知识和技能，有效地达到对所学知识的建构。

3. 突出"学中做、做中学"的职业特色

教材坚持"以用促学"的指导思想，教学内容不研究"为什么"（规律、原理……），只强调"怎么做"（技能、经验……）和"怎样做更好"（策略……），以此培养学生的操作能力，实现以学生能力为本位的培养宗旨。

4. 丰富的课程资源，独特的呈现方式

教材编写注重实时地反映工作岗位需求的一些新知识、新技术，理论阐述和范例选取都具有鲜明的实用性，并给教学活动提供了丰富的课程资源。每一章节都由任务引入、任务分析、任务实施、必备知识、即时训练、小结等组成，突出操作性与实用性，使学生在完成任务的过程中更好地掌握知识和技能。

本教材由长春职业技术学院多年从事一线计算机专业教学且具有丰富经验的教师共同编写，由朴仁淑、岳淑玲任主编，吴艳平、陈慧颖、刘改、迟恩宇、徐敏、孔祥华、郭莉任副主编。在编写的过程中得到了长春职业技术学院领导和电子工业出版社的大力支持与帮助，在此一并表示衷心的感谢。

本教材既可以作为职业院校计算机类专业基础课程的教材，同时也可以作为培训机构的培训教材及计算机初学者的学习参考书。

由于时间仓促以及编者水平有限，书中难免存在疏漏，欢迎广大读者和同仁提出宝贵

意见和建议。

为了提高学习效率和教学效果，方便教师教学，本书还配有教学指南、电子教案、习题答案和案例素材。请有此需要的读者登录华信教育资源网（http://www.hxedu.com.cn）免费注册后再进行下载，有问题时请在网站留言板留言或与电子工业出版社联系（E-mail:hxedu@phei.com.cn）。

编　者

2010.7

目　录

第1章 软、硬件的彩虹桥——操作系统的使用

1.1 我的电脑我做主——Windows 基本操作

任务1：设置个性化桌面域

 知识技能目标

◇ 认识和设置 Windows XP 桌面
◇ 认识并会使用任务栏
◇ 认识并会使用窗口
◇ 认识并会使用对话框

📖 **任务引入**

老师：Windows XP 操作系统已经安装完成了吗？

学生：是的，老师。不过在桌面上只有个"回收站"的图标，我想自己设计一下桌面。

老师：可以，不过要好好熟悉一下 Windows XP 桌面，这样才能够熟练地操作桌面、任务栏、窗口和对话框等，并得心应手地使用它们。

学生：没问题。

（1）用"显示 属性"对话框中的"桌面"选项添加"我的电脑"、"我的文档"和"网上邻居"桌面图标，并选择自己喜欢的图片作为桌面背景。重新命名桌面图标，添加、移动和删除桌面图标。

（2）用"显示 属性"对话框中的"屏幕保护程序"选项选择适合自己的屏幕保护程序作为屏幕保护，为自己选择电源使用最佳方案。

（3）用"显示 属性"对话框中的"设置"选项修改"屏幕分辨率"和"颜色质量"。

（4）用任务栏上的快捷菜单修改任务栏外观、通知区域以及"开始"菜单显示模式。

　　（5）认识窗口，并在窗口中完成相关操作。

　　（6）认识对话框，并在对话框中完成相关操作。

◐ 任务分析

　　我们给一台计算机安装完操作系统之后，通常会面对诸如如何设置桌面，哪些是窗口，哪些是对话框，如何具体对它们进行操作等一系列的问题，通过本节学习能够设置自己的桌面，认识任务栏、窗口和对话框，并能够对其进行熟练操作。

✎ 任务实施

※设置 Windows XP 桌面

必备知识

　　Windows XP 是图形化的计算机操作系统，我们只有通过对操作系统的控制才能实现对计算机软、硬件系统各组件的控制，使它们协调地为我们工作。Windows XP 操作系统界面下最常见的有桌面、任务栏、窗口、对话框、菜单等内容。

　　桌面：登录进入 Windows XP，首先看到的整个屏幕界面，是用户和计算机进行交流的工作窗口，上面存放的是经常用到的各种应用程序和文件夹图标。通过桌面，可以有效地使用和管理自己的计算机系统。

第1步　认识 Windows XP 桌面

　　在操作系统安装完成之后，重新登录时，Windows XP 桌面如图 1.1.1 所示。

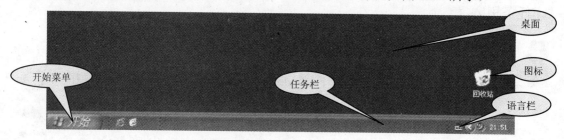

图 1.1.1　Windows XP 桌面

第2步　选择自己喜欢的桌面主题

　　在桌面空白处单击鼠标右键，单击"属性"，弹出如图 1.1.2（a）所示的"显示 属性"对话框，进行桌面属性设置。

　　在"显示 属性"对话框中，单击"主题"选项卡，在"主题"中选择"经典—蓝色 Royale 风格"（由于 Windows XP 安装系统版本不同，可选择的主题也不同），如图 1.1.2（b）所示，单击"确定"按钮退出，桌面背景发生变化，如图 1.1.3 所示。

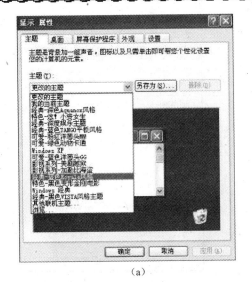
（a）

（b）

图 1.1.2 "显示 属性"对话框—主题设计

图 1.1.3 主题设计结果

第3步 修改 Windows XP 桌面背景，添加桌面图标

在桌面空白处单击鼠标右键，选择"属性"，弹出"显示 属性"对话框，单击"桌面"选项卡，在"背景(K)"中选择自己喜欢的图片作为桌面图片，单击"应用"按钮，替换"经典—蓝色 Royale 风格"桌面背景，如图 1.1.4（a）所示。

单击"自定义桌面"按钮，弹出"桌面项目"对话框，如图 1.1.4（b）所示。选择"我的文档"、"网上邻居"、"我的电脑"、"Internet Explorer"等桌面图标，单击"确定"按钮，即会在桌面上显示"我的文档"、"网上邻居"、"我的电脑"、"Internet Explorer"等图标。如果想更改图标，则单击如图 1.1.4（b）所示的"更改图标(H)"按钮，根据提示进行更改即可。

（a）"显示　属性"对话框

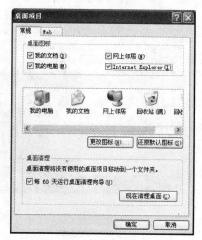

（b）"桌面项目"对话框

图1.1.4　"显示　属性"及"桌面项目"对话框

在桌面空白处单击鼠标右键，在快捷菜单中选择"新建"，单击"公文包"，在桌面上就会出现"新建公文包"图标，如图1.1.5所示。

在桌面空白处单击鼠标右键，弹出如图1.1.6所示的快捷菜单，在菜单中选择"排列图标"命令中的某一选项即可对桌面图标进行排列，或者用鼠标左键来完成图标的移动：先单击桌面上的图标，然后按住左键不放，拖动鼠标，将图标移动到相应位置。

图1.1.5　"新建公文包"图标

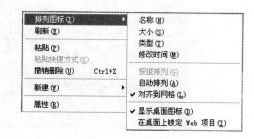

图1.1.6　排列图标

图1.1-7　重命名操作命令

在"我的文档"图标处单击鼠标右键，如图1.1.7所示。在快捷菜单上单击"重命名"命令，例如，输入"小李的文档"，完成重命名操作，或者单击一下"我的文档"图标，直接输入"小李的文档"也可完成重命名操作。

在"腾讯 QQ"图标处单击鼠标右键，在快捷菜单中选择"删除"命令，将所要删除的图标放在"回收站"中，双击"回收站"，在"回收站任务"栏目中，选择"清空回收站"即可（或右键单击"回收站"，在快捷菜单中选择"清空回收站"命令）；或者将鼠标定位在想要删除的图标处，按"Shift+Del"组合键也可以完成删除图标操作。

第 4 步　添加屏幕保护，选择电源最优方案

在"显示　属性"对话框中，单击"屏幕保护程序"选项卡，在"屏幕保护程序"下拉列表中选择自己喜欢的屏幕保护程序，单击"应用"按钮，将等待时间调整为 15 分钟，如图 1.1.8 所示。

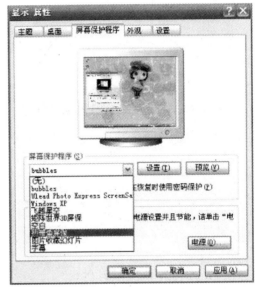

图 1.1.8　屏幕保护程序设置

在"显示　属性"对话框中，单击"屏幕保护程序"→"电源"，弹出"电源选项　属性"对话框，如图 1.1.9 所示。在"电源使用方案"下拉列表中选择"便携/袖珍式"，也可以自行设置电源使用方案，单击"确定"按钮退出。

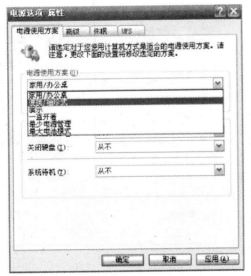
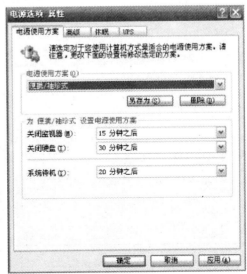

图 1.1.9　"电源选项 属性"对话框

第5步　选择自己喜欢的桌面外观

在"显示　属性"对话框中，单击"外观"选项卡，在"窗口和按钮"下拉列表中选择"Windows XP 样式"，单击"应用"按钮，"窗口和按钮"、"色彩方案"、"字体大小"都发生了变化，如图 1.1.10 所示。

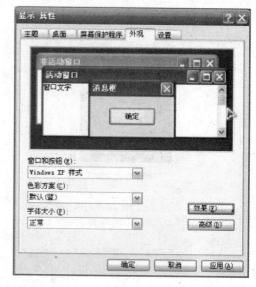

图 1.1.10　外观设置

在"外观"选项卡中，单击"效果"按钮，弹出"效果"对话框，如图 1.1.11 所示。单击"使用大图标"前面的复选框"□"，在"□"里面显示"√"表示被选中，单击"确定"按钮退出，这时桌面上的图标会相应变大。单击"高级"按钮，弹出"高级外观"对话框，如图 1.1.12 所示。在"项目"下拉列表中选"图标"，在"字体"下拉列表中选择"楷体_GB2312"，单击"确定"按钮退出，这时桌面上的图标字体就会由"宋体"变为"楷体"。

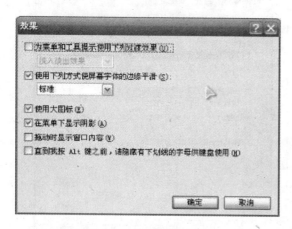

图 1.1.11　"效果"对话框　　　　　　　　图 1.1.12　"高级外观"对话框

第 6 步   设置屏幕分辨率

在"显示 属性"对话框中，单击"设置"选项卡，进行屏幕分辨率设置，将 800×600 像素调整为 1024×768 像素，也可以根据需要调整，如图 1.1.13 所示，单击"应用"按钮退出。

图 1.1.13   "屏幕分辨率"设置

在"显示 属性"对话框中，单击"高级"按钮，弹出"即插即用监视器和 VIA/S3G…"对话框，单击"常规"选项卡，在"在应用新的显示设置之前询问"前面，单击单选按钮"○"，这时在"○"里显示"·"表示被选中，如图 1.1.14 所示。单击"监视器"选项卡，将"屏幕刷新频率"改为 75 赫兹，如图 1.1.15 所示。

图 1.1.14   "常规"选项卡设置   图 1.1.15   "监视器"选项卡设置

第 7 步   复制桌面内容

按"Print Screen"键，先单击"开始"菜单→"所有程序"→"附件"→"画图"，然后单击"编辑"→"粘贴"，将当前桌面上显示的所有内容粘贴到该文件中，如图 1.1.16 所示。按"Alt+Print Screen"组合键，单击"开始"菜单→"所有程序"→"附件"→"画图"，再单击"编辑"→"粘贴"，将当前桌面上活动窗口粘贴到该文件中，如图 1.1.17 所示。

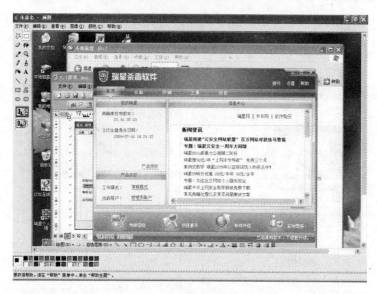

图 1.1.16　复制桌面内容

图 1.1.17　复制活动窗口

※认识任务栏

任务栏：任务栏是位于桌面最下方的一个长条带，在上面显示了系统正在运行的程序

和打开的窗口、当前时间等内容，一般分为"开始"菜单按钮、快速启动工具栏、窗口按钮栏和通知区域等几部分，通过任务栏可以完成许多操作，也可以对它进行一系列设置。

第1步　任务栏组成

任务栏位于桌面最下方，如图 1.1.18 所示。将光标定位在任务栏空白处，单击鼠标右键，如图 1.1.19 所示，在快捷菜单中"锁定任务栏"命令处于被选中状态，单击此处使其不被选中，只有在"锁定任务栏"不被选中的前提下，才能对任务栏进行拖动、改变高度和宽度等操作。

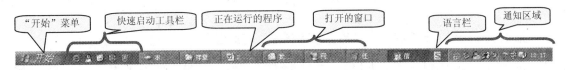

图 1.1.18　任务栏

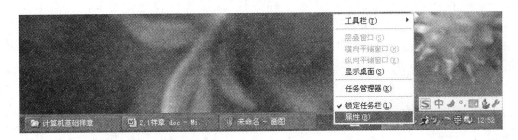

图 1.1.19　"锁定任务栏"的选中状态

第2步　拖动任务栏

将鼠标定位在任务栏的空白处，并按住鼠标左键不放，将任务栏拖动到桌面的其他三个边缘之一，即可将任务栏调整到桌面的一边，如图 1.1.20 所示，任务栏被拖到了桌面上边。请用上述方法，再将任务栏拖回最下面。

图 1.1.20　拖动任务栏

第3步　调整任务栏高度、宽度

将鼠标指针放到任务栏外边缘时，会出现纵向的双箭头指示，如图 1.1.21 所示，这时按住鼠标左键，向上拖动鼠标是增加任务栏高度，向下拖动鼠标是降低任务栏高度。当鼠标指针放到任务栏内边缘时，会出现横向的双箭头指示，如图 1.1.22 所示。这时按住鼠标左键，向右拖动，使左边快速启动按钮栏加宽而右边则变窄。

图1.1.21　调整任务栏的高度

图1.1.22　调整任务栏的宽度

第4步　认识"任务栏和「开始」菜单属性"对话框

将光标定位在任务栏空白处，单击鼠标右键，在快捷菜单中单击"属性"命令，弹出"任务栏和「开始」菜单属性"对话框，如图 1.1.23 所示。在"任务栏外观"中可进行相关设置，如选中"锁定任务栏"，任务栏就会被锁定，表明不能调整其高度和宽度了。选择"隐藏不活动的图标"，单击"自定义"按钮，弹出"自定义通知"对话框，如图 1.1.24 所示。将"Microsoft Office 客户体验…"设置为"总是隐藏"。用同样办法，可以隐藏其他不活动的图标，这时，在通知区域，就只显示活动图标了。

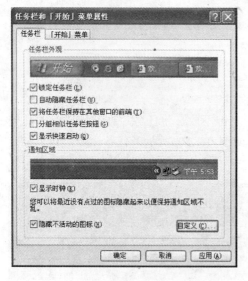

图1.1.23　"任务栏和「开始」菜单属性"对话框

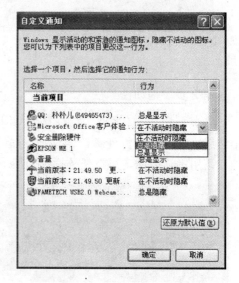

图1.1.24　"自定义通知"对话框

第5步　调整"「开始」菜单"显示模式

单击"任务栏和「开始」菜单属性"对话框中"「开始」菜单"，选择"「开始」菜单"，单击"应用"按钮，如图 1.1.25 所示，再进入"开始"菜单时，会按图中预览模式显示。单击"自定义"按钮，弹出"自定义「开始」菜单"对话框，如图 1.1.26 所示，在此可以根据需要对"开始"菜单进行各项设置。

图 1.1.25　设置"「开始」菜单"显示模式

图 1.1.26　"自定义「开始」菜单"对话框

第 6 步　运行「开始」菜单中的程序

单击"开始"菜单按钮，如图 1.1.27 所示。在此，可以打开大多数应用程序，如登录"腾讯 QQ2009"。按上述操作，请运行"Internet Explorer"等程序。

图 1.1.27　"开始"菜单

第 7 步　显示或取消"快捷启动工具栏"

将光标定位在任务栏空白处，单击鼠标右键，在快捷菜单中单击"工具栏"命令，如选择"快速启动"，这时在任务栏上"开始"菜单右侧显示 3 个快速自动按钮，只要单击"快捷启动工具栏"上的按钮，就会直接打开相应窗口，如图 1.1.28 所示。

将鼠标指针指向"Internet"图标，单击鼠标右键，在快捷菜单中选择"删除"命令，这时，在"快捷启动工具栏"上的"Internet"被删除。

将鼠标指针指向"我的电脑"图标，按住鼠标左键将"我的电脑"图标拖动到"快捷启动工具栏上"，以后直接单击"我的电脑"图标就可以打开"我的电脑"窗口了。

第8步　新建工具栏

在如图 1.1.28 所示的快捷菜单中选择"新建工具栏"，弹出"新建工具栏"对话框，如图 1.1.29 所示。单击"我的电脑"→"控制面板"→"确定"，在任务栏右侧将会添加"控制面板"工具栏，如图 1.1.30 所示。在"控制面板"工具栏处单击鼠标右键，弹出任务栏快捷菜单，如图 1.1.31 所示。单击"打开文件夹"命令，"控制面板"窗口即会被打开。

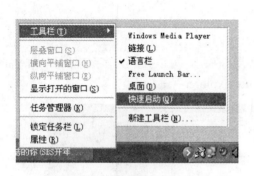

图 1.1.28　选择"快速启动"

图 1.1.29　新建工具栏

图 1.1.30　"控制面板"工具栏

图 1.1.31　任务栏快捷菜单

第9步　认识"任务管理器"

在图 1.1.31 快捷菜单中选择"任务管理器"，弹出"Windows 任务管理器"对话框，如图 1.1.32 所示，选中"未命名—画图"，单击"结束任务"按钮，终止其运行。单击"关机"→"注销(L)"，完成注销操作，如图 1.1.33 所示。

图 1.1.32　"Windows 任务管理器"对话框　　　　图 1.1.33　"注销 Windows"对话框

第 10 步　认识"语言栏"

单击""按钮，如图 1.1.34 所示，在弹出的菜单中选择需要的输入法，如选择"万能五笔…"，就可以使用这种输入法录入汉字了。

在"语言栏"处单击鼠标右键，弹出快捷菜单，如图 1.1.35 所示。选择"设置"命令，弹出"文字服务和输入语言"对话框，如图 1.1.36 所示。单击"添加"按钮，弹出"添加输入语言"对话框，如图 1.1.37 所示。例如在"输入语言"下拉列表中选择"日语"，单击"确定"按钮，即完成"添加输入语言"操作。

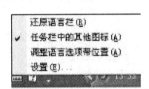

图 1.1.34　"输入法"快捷菜单　　　　　　　图 1.1.35　"语言栏"快捷菜单

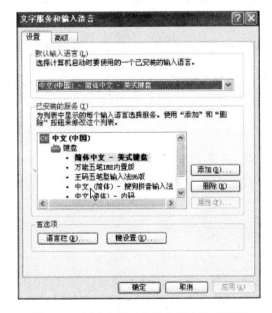

图 1.1.36　"文字服务和输入语言"对话框

图 1.1.37　"添加输入语言"对话框

图 1.1-38　音量调整

第 11 步　音量调整

单击"🔊"按钮，如图 1.1.38 所示，可以调整音量，如果双击"🔊"按钮，弹出"音量控制"对话框，如图 1.1.39 所示，去掉"麦克风"中的"静音"选择，根据个人需要对音箱和麦克风音量进行调整。

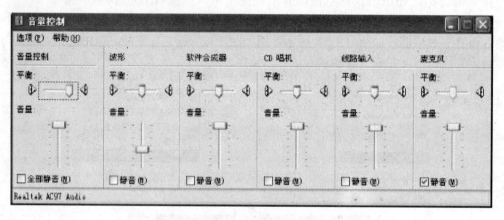

图 1.1.39　"音量控制"对话框

※窗口操作

窗口：在 Windows XP 系统中运行的程序大多是以窗口的形式显示，分为应用程序窗口和文件夹窗口，当多个窗口被打开时，当前操作的窗口标题栏的颜色呈深蓝色，为活动窗口。

第 1 步　认识窗口

分别打开"我的文档"、"开始"菜单中的"画笔"、"我的电脑"等窗口，如图 1.1.40所示，"我的电脑"窗口显示在最上面，为"活动窗口"，在"任务栏"中显示的按钮颜色比隐藏在"活动窗口"后面的那些窗口颜色要重，只要单击"任务栏"上的"窗口按钮栏"中的某个按钮，隐藏在"我的电脑"窗口后面的窗口就会显示在最上面，被切换为当前"活动窗口"。

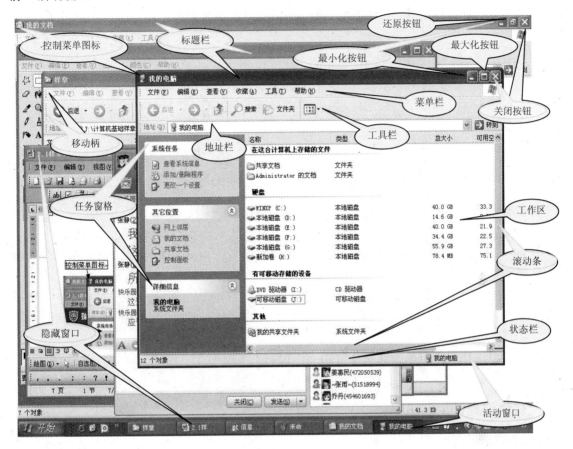

图 1.1-40 窗口的组成

第 2 步　桌面窗口排列

在"窗口按钮栏"区域中空白处，单击鼠标右键，弹出如图 1.1.41 所示的菜单，在快捷菜单上可对桌面上的窗口按层叠、横向平铺和纵向平铺 3 种方式进行排列。请打开 3 个窗口，分别按上述 3 种方式进行排列，并选择自己喜爱的一种。

第 3 步　调整当前窗口

打开"我的电脑"窗口，把鼠标指针放在横向"滚动条"时，按住鼠标左键不放，左右移动"滚动条"，就可以看到"我的电脑"窗口中横向的所有内容了。同样，可移动上下"滚动条"，即可看到窗口中纵向的所有内容。

第 4 步　大小化窗口

双击桌面上的"我的电脑"窗口，用鼠标左键单击当前活动窗口上的"最大化"按钮或在"标题栏"处双击鼠标左键，当前活动窗口被最大化，此时窗口不能被移动。

用鼠标左键单击"标题栏"时，弹出快捷菜单，如图 1.1.42 所示。单击"还原"按钮，当前活动窗口被还原，此时窗口可以移动，也可以调整窗口大小。将鼠标指针放在"标题栏"处，按住鼠标左键，将"我的电脑"窗口拖动到桌面中央位置。

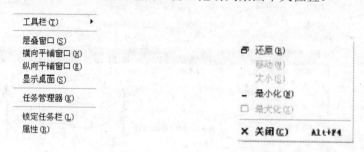

图 1.1.41　窗口排列方式快捷菜单　　　　图 1.1.42　大小化窗口快捷菜单

将鼠标指针指向窗口左右边框时，会出现双箭头"↔"，将指针指向窗口上下边框时会出现"↕"，指针指向窗口四个角时，会出现"↦"，这时按着鼠标左键不放，按着箭头方向向外拖拽，放大"我的电脑"窗口，如果按箭头方向向里面拖拽，则缩小"我的电脑"窗口。

将鼠标指针指向窗口上的"菜单栏"左边"移动柄"的右侧时，鼠标光标变成"✛"，按下鼠标左键，进行拖动，按上述方法，将"地址栏"、"工具栏"移动到同一行上。

单击"关闭"按钮或将鼠标指针指向"控制菜单图标"，双击鼠标左键，"我的电脑"窗口被关闭。

※认识和使用对话框

必备知识

对话框：对话框是我们与计算机系统之间进行信息交流的窗口。如果单击带省略号的子菜单，就可以弹出一个对话框，主要有文本框、单选按钮、复选框、选项卡等元素。

认识和使用对话框

打开"显示 属性"对话框，单击"桌面"选项，在"列表框"中选择其中的一个图片，在"位置"下拉列表中选择"平铺"，单击"确定"按钮，完成桌面背景设置，如图 1.1.43 所示。

双击"我的电脑"图标，单击"工具"→"文件夹选项"→"查看"，显示"文件夹选项"对话框，单击"显示两部分但是作为单一文件进行管理"前的"单选按钮"，选中这个选项；单击"记住每个文件夹的视图设置"前的"复选框"，取消该项选择，如图 1.1.44 所示，单击"确定"按钮退出。

单击"开始"菜单，执行"运行"命令，弹出"运行"对话框（为文本框），如图 1.1.45 所示，在"打开"处可以通过键盘输入字符、文本，或者通过"浏览"→"桌面"→"腾讯 QQ"→"打开"，如图 1.1.46 所示，单击"确定"按钮就会运行"腾讯 QQ"了。

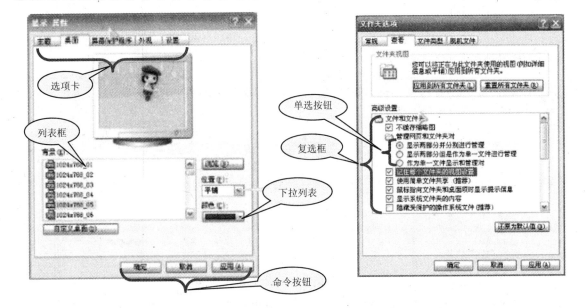

图 1.1.43 "显示 属性"对话框   图 1.1.44 "文件夹选项"对话框

图 1.1.45 "运行"对话框   图 1.1.46 "运行"对话框的使用

即时训练

（1）用所学的操作对自己的桌面进行重新设置。

（2）删除"快捷启动工具栏"中不常用的图标。

1.2 我的公文包——文件管理

任务2：学会做文件的小管家

 知识技能目标

◇ 认识文件和文件夹。

◇ 会使用"我的电脑"或"资源管理器"管理文件和文件夹。

◇ 掌握文件和文件夹基本操作。

◇ 掌握文件和文件夹的操作方法。

📖 任务引入

老师：这是我的 U 盘，你帮我整理一下其中的文件，如图 1.2.1 所示。
学生：好的，我现在就去整理。

图 1.2.1　U 盘中的文件举例

（1）学会使用"我的电脑"或者"资源管理器"管理文件和文件夹。
（2）学习文件和文件夹的建立、移动、复制和删除操作。
（3）将老师的 U 盘文件进行层次化整理。

〰 任务分析

　　在以后的学习中我们将面对很多文件及文件夹，而且文件类型也会不同，如何更好地管理它们是我们面临的关键问题，一不小心就会出现管理和使用上的混乱，因此，在磁盘的根目录建立层次化的文件结构，按照文件的不同类型存放在不同的文件夹中，对文件进行有序管理，可以为我们省去很多麻烦。我们可以使用"我的电脑"或者"资源管理器"等程序对文件和文件夹进行管理。通过本次课的学习，能够使我们操作起来得心应手，成为真正的"文件管理家"。

✍ **任务实施**

※认识文件和文件夹

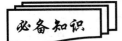

在计算机中的数据存储通常以文件形式存放在磁盘或其他外部存储介质上，数据处理是通过文件处理来进行的，数据管理是通过文件管理来完成的，文件管理是通过目录（文件夹）来完成的。文件是计算机的重要资源之一，文件管理在操作系统中占有非常重要的地位。本节主要介绍在 Windows XP 中如何进行文件和文件夹的管理。

"文件"是具有一定名称的一组相关数据的集合。文件通常存储在外部存储介质上（如磁盘、光盘等），它是 Windows 存取磁盘信息的基本单位，其内容可以是一段程序、一首歌曲、一篇文章、一部影片等。每一个文件都要有自己的名字，即为文件名，文件名由主文件名和扩展名组成，中间用"."隔开。主文件名用来区分不同的文件，扩展名用来标示文件的类型，又称文件的后缀，扩展名一般有可执行程序文件、文本文件、图形文件、声音文件、其他文件类型，如 Word.exe 表示其主文件名为 Word，扩展名为 exe，是可执行文件。

"文件夹"可以理解为用来存储文件和文件夹的容器，又称为"目录"。文件夹的命名与文件主文件名的命名方式一样，最多可以使用 255 个西文字符，也可以使用汉字，除开头以外都可以带空格，但不能有下列字符：？*/:"<>|，可使用多分隔符的扩展名，如王刚.2 班.数学.exe 是合法的文件名，在文件和文件夹名字中不分大小写。

第 1 步　认识文件和文件夹

打开"我的电脑"，双击"可移动磁盘(H)"盘，如图 1.2.2、图 1.2.3 所示。

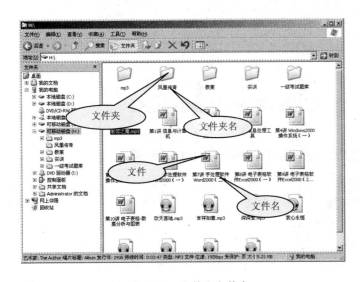

图 1.2.2　文件和文件夹

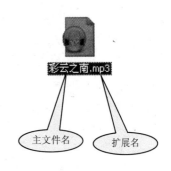

图 1.2.3　主文件名和扩展名

第2步　选中文件或文件夹

打开 U 盘，按"Ctrl+A"组合键，或者单击"编辑"菜单→"全部选定(A)"，如图 1.2.4 所示，所有的文件被选中，如图 1.2.5 所示。

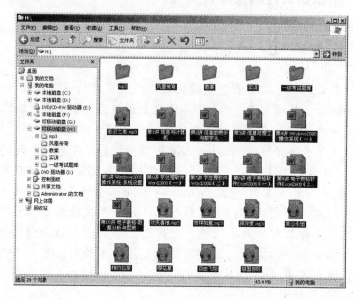

图 1.2.4　编辑菜单　　　　　　　　　　　图 1.2.5　选中全部文件

在"可移动磁盘(H)"中，请单击第一个 Word 文件，按住"Shift"键，再单击最后一个 Word 文件，完成连续选中文件夹或文件操作，如图 1.2.6 所示。

按住"Ctrl"键，单击"彩云之南.mp3"文件，再单击两个 mp3 文件，选中 3 个不连续的文件，如图 1.2.7 所示。

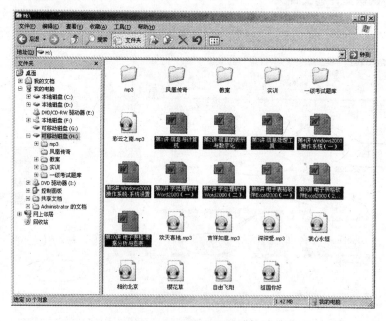

图 1.2.6　选中连续文件

图 1.2.7 选中不连续文件

※文件管理工具

必备知识

在 Windows 中经常利用"资源管理器"和"我的电脑"工具来管理文件，两者的操作方法类似，只是界面略有不同，"资源管理器"操作起来更直观一些。打开资源管理器的方法很多，如在某个文件夹上单击鼠标右键，在快捷菜单中单击"资源管理器"即可打开。

第1步 认识资源管理器

单击"开始"菜单，选择"程序"→"附件"→"Windows 资源管理器"，弹出"资源管理器"，如图 1.2.8 所示。

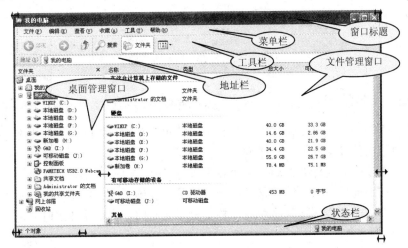

图 1.2.8 "资源管理器"窗口

将鼠标指针指向桌面上的"我的电脑"、"我的文档"、"回收站"任一图标，或者指向任务栏上的"开始"菜单，单击鼠标右键，选择快捷菜单中的"资源管理器"命令，弹出资源管理器窗口。

第2步　调整资源管理器窗口大小

将鼠标指针移动到桌面管理窗口和文件管理窗口中间的分隔线上，当鼠标指针变成"←→"时，按住鼠标左键拖动鼠标，就可移动分隔线调整左右窗格大小了。

将鼠标指针移动到窗口左边或右边的边框上，鼠标指针变成"←→"时，按住鼠标左键拖动鼠标，就可移动边框线调整横向窗口大小了。

将鼠标指针移动到窗口上边或下边的边框上，鼠标指针变成"↕"时，按住鼠标左键拖动鼠标，就可移动边框线调整纵向窗口大小了。

将鼠标指针移动到窗口四个角的边框上，鼠标指针变成"↔"时（这是在左上角和右下角时的鼠标指针），按住鼠标左键拖动鼠标，就可移动边框线调整窗口大小了。

第3步　资源管理器基本操作

单击菜单栏中的"查看"→"工具栏"，如图 1.2.9 所示，弹出它的下一级菜单，单击"地址栏"，这时在"地址栏"前"√"消失，地址栏也被隐藏起来，在工具栏空白处单击鼠标右键，在快捷菜单上选择"地址栏"，恢复"地址栏"的显示。单击"查看"→"状态栏"，"状态栏"前面的"√"被取消，同时"状态栏"被隐藏起来了。

单击"查看"，在缩略图、平铺、图标、列表和详细信息 5 个选项中选择"详细信息"，或者单击工具栏中"■▼"按钮旁边的下拉箭头，弹出上述 5 个选项的菜单，文件或文件夹的显示方式如图 1.2.10 所示。

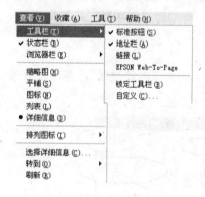

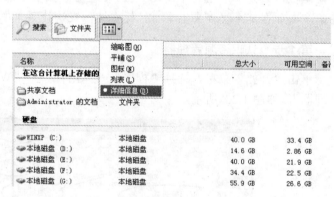

图 1.2.9　"查看"菜单　　　　　　　　图 1.2.10　文件或文件夹的显示方式

选择"查看"→"排列图标"菜单，弹出子菜单，如图 1.2.11 所示，我们可以根据需要对当前窗口中的文件及文件夹进行排列，可选择其中任意一种。

选择"工具"→"文件夹选项"→"查看"，如图 1.2.12 所示。选中"在标题栏显示完整路径"和"在地址栏中显示完整路径"选项，单击"确定"按钮退出，这时只要打开任何一个文件或文件夹，都会在标题栏和地址栏上显示完整路径，如图 1.2.13 所示。

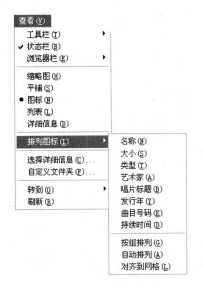

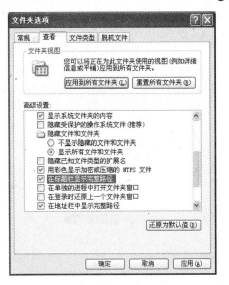

图 1.2.11　"排列图标"菜单　　　　　　　图 1.2.12　"文件夹选项"对话框

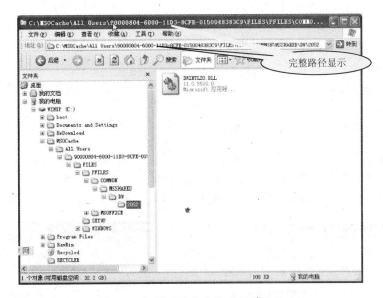

图 1.2.13　显示选中文件夹完整路径

※文件管理

　　在 Windows 中，采用树形结构以文件夹的形式组织和管理文件，文件夹和文件的隶属关系像一棵倒置的树，桌面是"树根"，为最高层，"树"上的每一个对象称为"结点"，"树枝"中的每一个"结点"可能是文件夹，也可能是文件（即树叶），由于"树枝"上还有分支，因此，文件夹中还包含文件夹，称为子文件夹，所有的"树叶"就是一个一个的文件。

第 1 步　文件夹目录

单击"本地磁盘(C:)"，在桌面管理窗口显示 C 盘下所有文件夹，在文件夹窗口显示所有文件夹和文件，单击"折叠文件夹标志"，将恢复为折叠状态，如图 1.2.14 所示。单击"可移动磁盘(H:)"，再单击"实训"文件夹，如图 1.2.15 所示。

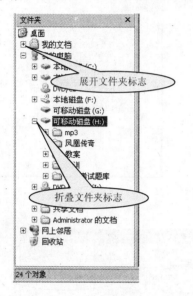

图 1.2.14　文件夹的折叠　　　　　　　图 1.2.15　文件夹的展开

第 2 步　对盘符、文件夹和文件重命名

在"资源管理器"的"桌面"管理窗口（又称为浏览器栏）中，单击"我的电脑"，将鼠标指针指向"文件管理窗口"中的"可移动磁盘(H:)"，单击鼠标右键，选择快捷菜单中的"重命名"，输入"王老师 U 盘"。用同样的方法，再修改其他盘符，如图 1.2.16 所示。

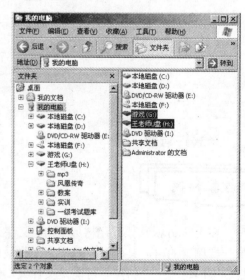

图 1.2.16　对盘符重新命名

打开"王老师 U 盘(H:)"，单击"教案"文件夹，再单击"教案"名字处，输入"计算机基础教案"，完成文件夹重命名操作。

选中"彩云之南.mp3"文件，单击鼠标右键，在快捷菜单中选择"重命名"命令，输入与该文件内容有关的名称，尽量做到见名知义，在此输入"彩云之南原声.mp3"，完成文件重命名操作，如图所示 1.2-17 所示。

图 1.2.17　对文件夹和文件名重新命名后的结果

第 3 步　新建文件夹

双击"王老师 U 盘"，在"文件管理窗口"空白处单击鼠标右键，如图 1.2.18 所示。在快捷菜单中选择"新建"→"文件夹"，在"新建文件夹"处输入"音乐"，如图 1.2.19 所示。

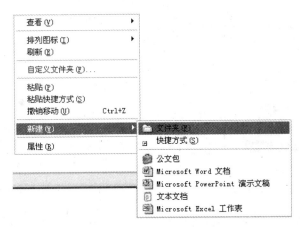

图 1.2.18　新建文件夹

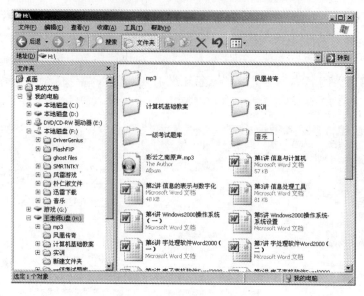

图 1.2.19　重新命名文件夹

第4步　移动、复制文件夹和文件

选中"彩云之南原声.mp3"和"欢天喜地.mp3"，单击菜单栏中的"编辑"，弹出菜单，如图 1.2.20 所示，或者单击鼠标右键，弹出快捷菜单，如图 1.2.21 所示，在快捷菜单中选择"剪切"选项，也可以直接按"Ctrl+X"（剪切操作快捷方式）组合键，双击"音乐"文件夹，单击"编辑"→"粘贴"，或者在空白处单击鼠标右键，在快捷菜单中选择"粘贴"命令，按"Ctrl+V"（粘贴操作快捷方式）组合键，将 U 盘根下的"彩云之南原声.mp3"和"欢天喜地.mp3"两个文件移动到"音乐"文件夹中。

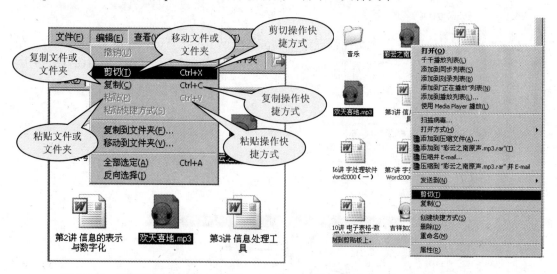

图 1.2.20　编辑菜单中的剪切、复制　　　　图 1.2.21　快捷菜单中的剪切、复制、粘贴

回到 U 盘根目录下，选中其他 mp3 文件，按住鼠标左键将选中文件拖到"音乐"文件夹中，完成移动操作。按上述办法，将其他文件移到"计算机基础教案"文件夹中。

　　选中"凤凰传奇"文件夹单击鼠标右键，在快捷菜单中选择"移动"命令，或者按"Ctrl+X"（移动操作快捷方式）组合键，双击"音乐"文件夹，按"Ctrl+V"组合键，最终完成这个文件夹的移动操作。

　　双击"F:"盘→"音乐"，选中"流行音乐"文件夹，按"Ctrl+C"（复制操作快捷方式）组合键，回到"王老师 U 盘（H:）"下，按"Ctrl+V"组合键，最终完成这个文件夹的复制操作。

　　在桌面上选中"求医不如求自己"文件，单击右键，弹出如图所示 1.2-22 所示快捷菜单，选择"发送到(N)"→"王老师 U 盘(H:)"，将该文件复制到 U 盘中，按上述操作将某一文件发送到桌面快捷方式操作。

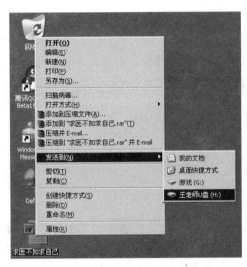

图 1.2.22 "发送到(N)"快捷菜单

　　在如图 1.2.20 所示的菜单中，有"复制到文件夹"和"移动到文件夹"选项，单击"复制到文件夹"选项，弹出"复制项目"对话框，如图 1.2.23 所示。单击"移动到文件夹"选项，则弹出"移动项目"对话框，如图 1.2.24 所示。选择好复制或移动的目的地，单击"复制"或"移动"按钮，即可完成它们的复制或移动操作。另外，也可以利用鼠标左键拖动，即选中的文件或文件夹，按住鼠标左键拖动到文件夹中，如图 1.2.25 所示，从中选择一个选项进行操作。

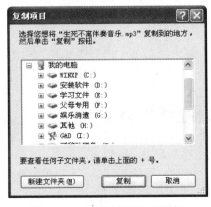

图 1.2.23 "复制项目"对话框

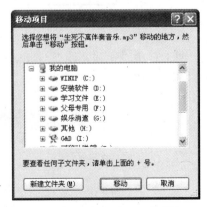

图 1.2.24 "移动项目"对话框

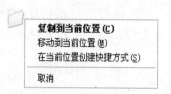

图 1.2.25　拖动鼠标左键实现复制或移动操作

第 5 步　删除文件夹和文件操作

选中桌面上的"彩云之南原声.mp3"，选择"文件"→"删除"，弹出"确认文件删除"对话框，如图 1.2.26 所示，单击"是"按钮，进入回收站，选择"清空回收站"，完成"删除"操作。如果是误操作，则选择"文件"→"还原"，或者单击鼠标右键，在快捷菜单中选择"还原"命令，完成还原操作，如图 1.2.27 所示。

图 1.2.26　"确认文件删除"对话框

图 1.2.27　文件还原操作

选中"王老师 U 盘"下"音乐"文件夹，选择"文件"→"删除"，弹出"确认文件删除"对话框，如图 1.2.28 所示，单击"是"按钮，彻底删除"彩云之南原声.mp3"文件。（请比较与上面操作有什么不同？）

选中桌面上的"彩云之南原声.mp3"，按"Shift+Del"组合键，弹出"确认文件删除"对话框，如图 1.2.28 所示，单击"是"按钮，该文件彻底删除，无法恢复。

图 1.2.28　"确认文件删除"对话框

在桌面上选中"新建文件夹"，单击鼠标右键，在快捷菜单中选择"删除"命令，或者按"Del"键，弹出"确认文件夹删除"对话框，如图 1.2.29 所示，单击"否"按钮，退出删除操作。

图 1.2.29　"确认文件夹删除"对话框

　　在桌面上选中多个文件或文件夹，在选中区域单击鼠标右键，在快捷菜单中选择"删除"命令，或者按"Del"键，弹出"确认删除多个文件"对话框，如图 1.2.30 所示，单击"否"按钮，退出删除操作。

图 1.2.30　"确认删除多个文件"对话框

即时训练

　　（1）将自己计算机中的文件和文件夹进行整理。

　　（2）在 Windows 操作系统中，文件和文件夹都可以设置只读、隐藏和存档属性。选定文件或文件夹后，选择"文件"→"属性"，或者单击鼠标右键，选择快捷菜单中的"属性"命令，弹出"office 2003 属性"对话框，如图 1.2.31 所示，可根据需要进行设置。

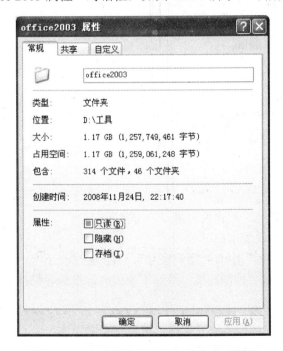

图 1.2.31　文件的"office 2003 属性"对话框

　　（3）在我们的计算机中存有许多文件及文件夹，有时可能会忘记存在哪个位置了，为此，我们可以通过 Windows 操作系统提供的"查找"功能快速地确定文件或文件夹的位置。在桌面上选中 "我的电脑"，单击鼠标右键，在快捷菜单中选择"搜索"命令，输入"*.doc"，此时就会在"我的电脑"中将所有扩展名为.doc 的文件显示在"文件管理窗口"中，如图 1.2.32 所示。

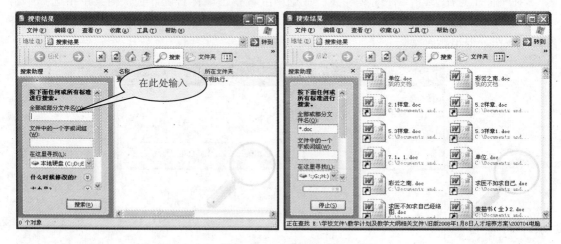

图 1.2.32　文件搜索结果

1.3　个性弘扬——系统管理与应用

任务 3：巧用控制面板

 知识技能目标

◇ 了解控制面板在操作系统中的重要位置。

◇ 学会设置鼠标、键盘、打印机等外部设备。

◇ 设置个人账号。

📖 **任务引入**

老师：为了安全起见，把你的机器设一个密码吧。

学生：老师，怎么设置密码呀？

老师：在"控制面板"中有"用户账号"，自己去试一下吧。

学生：好的。老师，"控制面板"里有不少内容，以后我们都会用到吧。

（1）学会用"控制面板"设置鼠标、键盘、桌面属性。

（2）会使用"控制面板"中的"添加或删除程序"、"添加硬件"操作。

🔊 **任务分析**

"控制面板"是系统的功能控制中心，系统管理员的全部工作都可以在这里完成。当系统安装完毕后，为了保护我们的计算机，需要为它设置密码，以防止其他人进入，我们可用

"控制面板"中的"用户账户"进行设置；当需要安装某个系统或程序时或者需要卸载不经常使用的软件或程序时，我们可用"控制面板"中的"添加或删除程序"来完成；我们还可以使用"控制面板"中的"添加硬件"安装新配备的硬件。总之，我们可以用"控制面板"中的选项根据个人爱好进行个性化设置。

✍ 任务实施

※ 认识控制面板

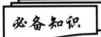

控制面板（control panel）是 Windows 图形用户界面的一部分，可通过"开始"菜单访问。它允许用户查看并操作基本的系统设置和控制，比如添加硬件，添加或删除软件，控制用户账户，更改辅助功能选项，等等。控制面板可通过 "开始"→"设置"→"面板"访问，或者直接访问开始菜单。同时它也可以通过运行命令"control"直接访问。

进入控制面板

单击"开始"菜单→ "设置"→"控制面板"，如图 1.3.1 所示（这是经典"开始"菜单模式下显示方式），或者单击"开始"菜单→"控制面板"，如图 1.3.2 所示（这是"开始"菜单模式下显示方式），或者单击"开始"菜单→"运行"，输入"control"命令，如图 1.3.3 所示，单击"确定"按钮，在屏幕上弹出"控制面板"窗口，显示的是经典视图，如图 1.3.4 所示。

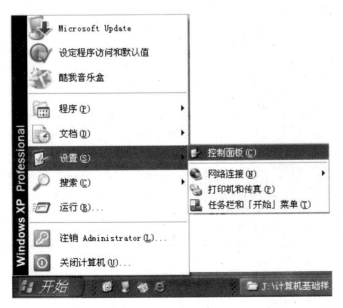

图 1.3.1　通过经典"开始"菜单模式进入"控制面板"

图1.3.2　通过"开始"菜单模式进入"控制面板"

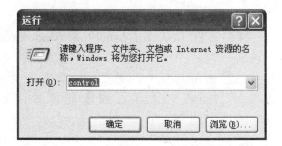

图1.3.3　"运行"对话框

图1.3.4　"控制面板"窗口——经典视图

　　单击图 1.3.4 中的"切换到分类视图"选项，"控制面板"窗口显示是分类视图，如图 1.3.5 所示。

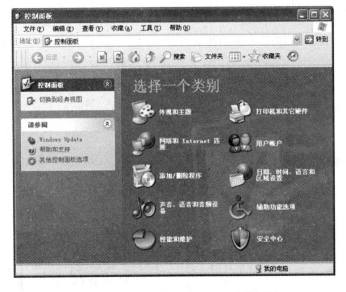

图 1.3.5　"控制面板"窗口——分类视图

※**个性化设置**

第 1 步　改变鼠标属性

双击"控制面板"窗口中"鼠标"图标，弹出"鼠标 属性"对话框，如图 1.3.6 所示，我们可根据个人爱好对鼠标进行设置。

选择"鼠标 属性"对话框中"轮"选项卡，如图 1.3.7 所示，将"一次滚动下列行数"改为"一次滚动一个屏幕"。可根据个人爱好，改变鼠标属性，确定自己喜爱的模式。

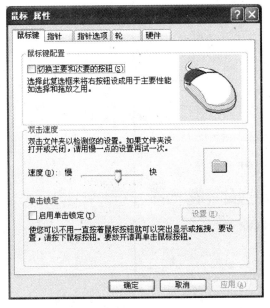

图 1.3.6　"鼠标 属性"对话框——"鼠标键"选项卡

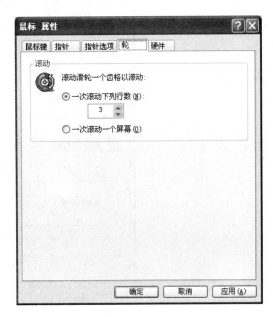

图 1.3.7　"鼠标 属性"对话框——"轮"选项卡

第2步　键盘调整

双击"控制面板"窗口中"键盘"图标，弹出"键盘 属性"对话框，如图 1.3.8 所示，可根据个人爱好设置字符重复延迟、重复率以及光标闪烁频率。单击"硬件"选项卡，如图 1.3.9 所示，显示键盘的硬件信息。单击"属性"按钮，选择"驱动程序"选项卡，弹出"键盘设备属性"对话框，如图 1.3.10 所示，在此可查看键盘的常规设备属性、驱动程序详细信息、可更新驱动程序、返回驱动程序、卸载等。

图 1.3.8 "键盘 属性"对话框——"速度"选项卡　　图 1.3.9 "键盘 属性"对话框——"硬件"选项卡

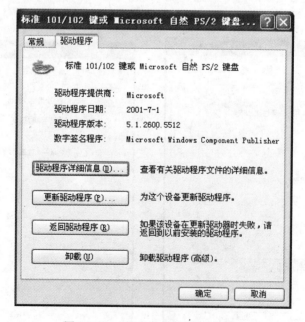

图 1.3.10 "键盘设备属性"对话框

第 3 步   调整声音与音频设备

双击"控制面板"中"声音和音频设备"图标，弹出"声音与音频设备 属性"对话框，如图 1.3.11 所示。

选择"语声"选项卡，如图 1.3.12 所示。单击"音量"按钮，弹出"录音控制"对话框，如图 1.3.13 所示。

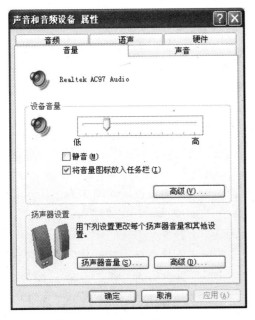

图 1.3.11 "声音和音频设备 属性"
对话框

图 1.3.12 "声音和音频设备 属性"对话框——
"语声"选项卡

选择"选项"→"属性"，弹出"属性"对话框，如图 1.3.14 所示。选择"麦克风"，单击"确定"按钮退出，"录音控制"对话框发生变化，如图 1.3.15 所示。

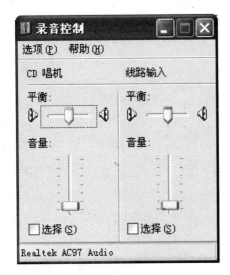

图 1.3.13 "录音控制"对话框

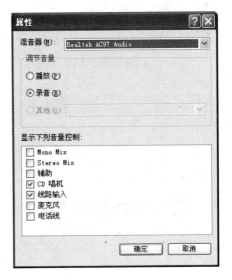

图 1.3.14 "属性"对话框

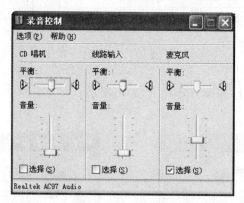

图 1.3.15　调整后的"录音控制"对话框

第4步　添加"朝鲜语"输入法

双击"控制面板"窗口中"区域和语言选项"图标，弹出"区域和语言选项"对话框，如图 1.3.16 所示。

选择"语言"→"详细信息"，弹出"文字服务和输入语言"对话框，如图 1.3.17 所示。单击"添加"按钮，弹出"添加输入语言"对话框，如图 1.3.18 所示。在"输入语言"下拉菜单中选择"朝鲜语"选项，在"键盘布局/输入法(K)"下拉菜单中显示"Korean Input System（IME 2002)"，单击"确定"按钮退出，完成"朝鲜语"输入法添加操作。在语言栏中选择"朝鲜语"输入法，显示结果如图 1.3.19 所示。

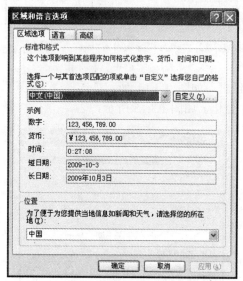

图 1.3.16　"区域和语言选项"对话框

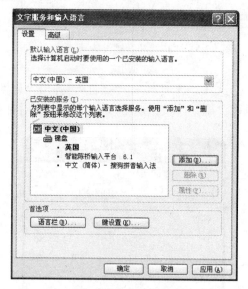

图 1.3.17　"文字服务和输入语言"对话框

图 1.3.18　"添加输入语言"对话框

图 1.3.19　"朝鲜语"输入法显示结果

第 5 步　设置更改用户账户密码，提高安全意识

双击"控制面板"窗口中"用户账户"图标，弹出"用户账户"窗口，如图 1.3.20 所示，单击"更改账户"选项，单击"Administrator"账户，单击"创建密码"选项，弹出"用户账户"创建密码窗口，如图 1.3.21 所示。在"输入一个新密码："处输入"xinmima"，在"再次输入密码以确认："处输入"xinmima"，在"输入一个单词或短语作为 密码提示："处输入提示信息（建议此处不输入提示信息），单击"创建密码"按钮退出，完成创建密码操作。

图 1.3.20　"用户账户"窗口

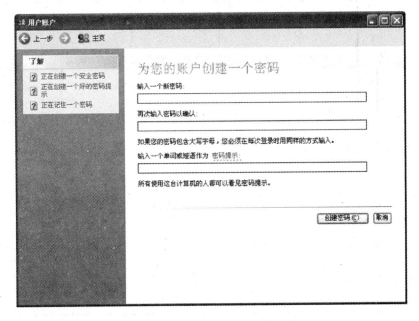

图 1.3.21　"用户账户"创建密码窗口

重新进入"Administrator"账户，单击"更改我的密码"选项，弹出为账户更改密码窗口，在"输入您当前的密码："处输入原密码，在"输入一个新密码"处输入保密性很强的密码，在"再次输入密码以确认："处重新输入新密码，单击"更改密码"按钮退出，完成更改密码操作。

第6步　添加或删除程序

在"控制面板"窗口中，双击"添加或删除程序"图标，弹出"添加或删除程序"窗口，如图 1.3.22 所示，当前窗口为"更改或删除程序"窗口，选中"显示更新"，在"排列方式"列表框中选择"上次使用日期"，显示结果如图 1.3.23 所示。选中"Adobe Flash Player 10 ActiveX"，单击"删除"按钮，完成删除操作。

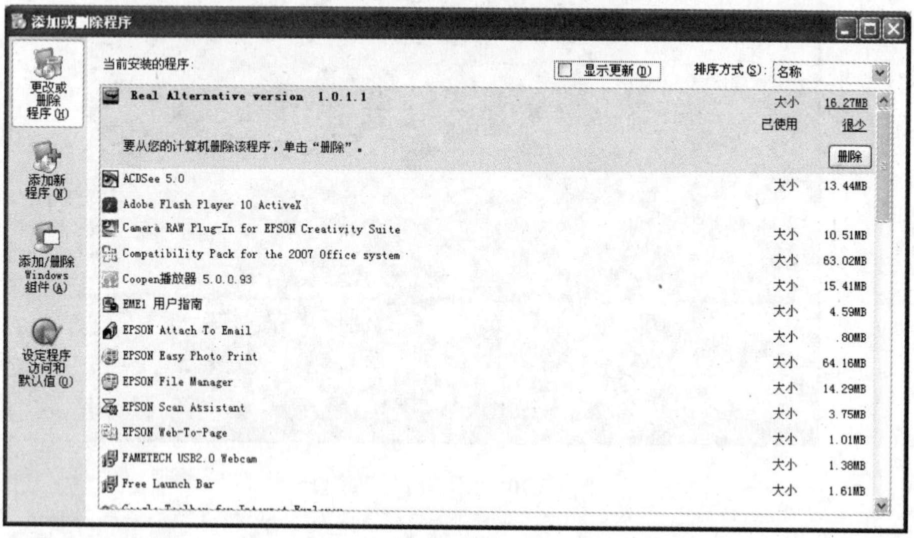

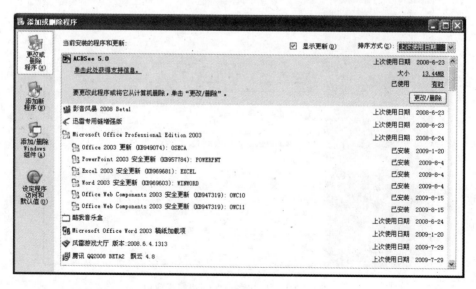

图 1.3.22　"添加或删除程序"窗口

图 1.3.23　在"添加或删除程序"窗口中选中更改项后的显示结果

单击"添加新程序"按钮，如图 1.3.24 所示，选择"从 CD-ROM 或软盘安装程序"，单击"CD 或软盘(F)"按钮，将安装光盘放入驱动器中，按提示安装新程序，如图 1.3.25 所示。

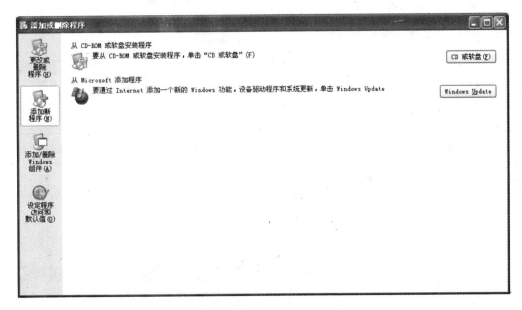

图 1.3.24　添加或删除程序窗口——添加新程序

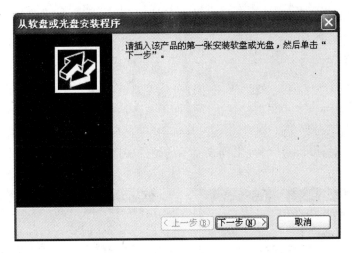

图 1.3.25　"从软盘或光盘安装程序"对话框

单击"添加 Windows 组件"按钮，弹出"Windows 组件向导"对话框，如图 1.3.26 所示。选中"Internet 信息服务(IIS)"，单击"详细信息"按钮，如图 1.3.27 所示，选中"文件传输协议(FTP)服务"，单击"确定"按钮，单击"下一步"按钮开始安装，如图 1.3.28、图 1.3.29 所示，按提示要求将"Windows XP"系统安装盘插入驱动器中。

图 1.3.26　"Windows 组件向导"对话框

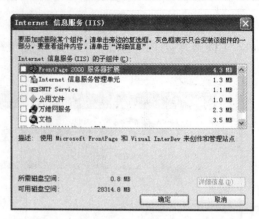

图 1.3.27　"Internet 信息服务(IIS)"对话框

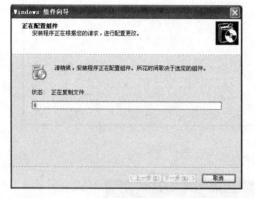

图 1.3.28　"配置组件"对话框

图 1.3.29　"插入磁盘"对话框

第 7 步　添加硬件

在"控制面板"窗口中，双击"添加硬件"图标，弹出"添加硬件向导"对话框，如图 1.3.30 所示，单击"下一步"按钮，向导在搜索，如图 1.3.31 所示，确定硬件是否连接好，如图 1.3.32 所示，如果选中"是，我已经连接了此硬件(Y)"前的"单选按钮"，则显示如图 1.3.33 所示的对话框，从所提供列表显示的硬件中选择需要添加的硬件设备，根据提示进行操作。

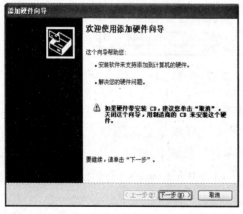

图 1.3.30　"添加硬件向导"对话框

图 1.3.31　向导在搜索尚未安装的硬件

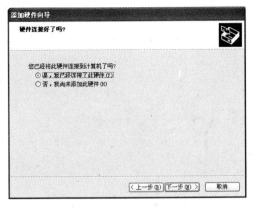

图 1.3.32　确定硬件是否连接好

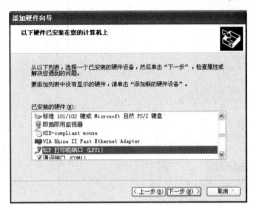

图 1.3.33　从列表中选择需要添加的新硬件

 即时训练

（1）将自己的计算机进行个性化设置。

（2）将计算机中不经常使用的程序进行卸载。

1.4　我的好帮手——系统维护与常用工具软件的使用

任务 4：瑞星杀毒软件及个人防火墙的安装与使用

 知识技能目标

◇ 掌握瑞星杀毒软件的安装、升级和使用方法。

◇ 掌握瑞星个人防火墙的安装、升级和使用方法。

任务引入

老师：数学老师的计算机运行速度很慢，可能中病毒了，给他安装一个
　　　杀毒软件吧。

学生：好的，就安装瑞星杀毒软件吧。

（1）能够自己安装杀毒软件。

（2）能够对杀毒软件进行设置。

（3）能够定时对计算机或移动磁盘进行杀毒。

任务分析

计算机病毒对计算机的正常使用进行破坏，使得计算机无法正常使用甚至整个操作系统或者计算机硬盘损坏，它有独特的复制能力，可以很快地蔓延且常常难以根除，其实它就是一组计算机指令或程序代码，计算机病毒具有破坏性、传染性、隐蔽性、潜伏性等特征，会给我们带来不可估量的损失。

如何做好计算机杀毒和防护呢？这就需要安装杀毒软件，并且要及时将杀毒软件升级

到最新版本，而且要定期对计算机进行全面杀毒，特别是要对即插即用的移动磁盘及时进行杀毒处理。为了进一步防止病毒的侵入及破坏，还要安装防火墙并启动计算机监控中心，防患于未然。

✍ 任务实施

※瑞星杀毒软件的安装与使用

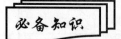

瑞星全功能安全软件 2009 是基于"云安全"策略和"智能主动防御"技术开发的新一代互联网安全产品，将杀毒软件与防火墙无缝集成、整体联动，极大地降低了计算机资源的占用，集"拦截、防御、查杀、保护"四重防护功能于一身。

第1步　安装杀毒软件

将瑞星杀毒软件安装盘放入光盘驱动器，光盘自动运行，弹出如图 1.4.1 所示的对话框。

图 1.4.1　瑞星杀毒软件安装对话框

选择"安装瑞星全功能安全软件"，根据安装对话框的提示，一步步进行安装，如图 1.4.2～图 1.4.13 所示，完成瑞星杀毒软件安装。

图 1.4.2　自动安装程序

图 1.4.3　选择"中文简体"

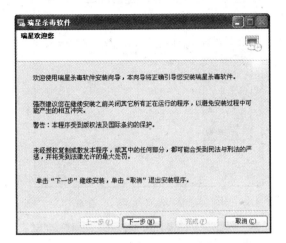

图 1.4.4　单击"下一步"按钮

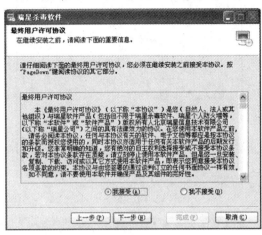

图 1.4.5　选择"我接受"选项

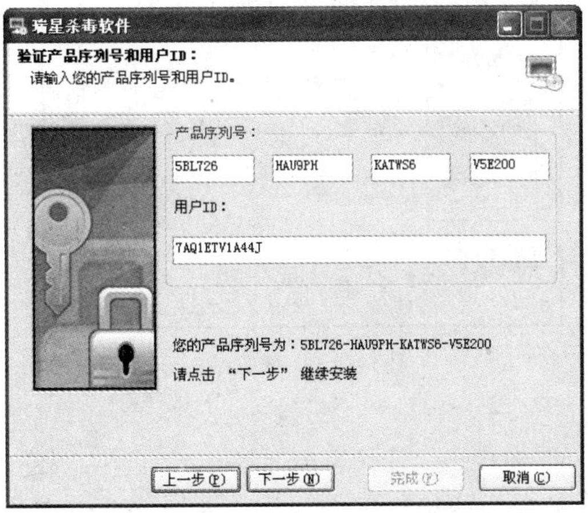

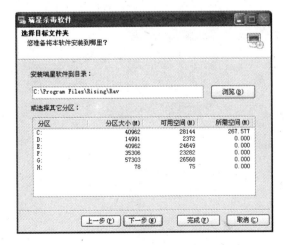

图 1.4.6　输入"产品序列号"和"用户 ID"

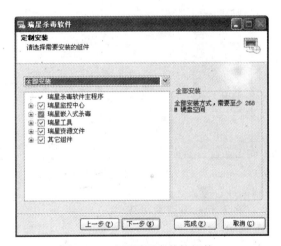

图 1.4.7　选择需要安装的组件

图 1.4.8　选择安装瑞星软件到目录

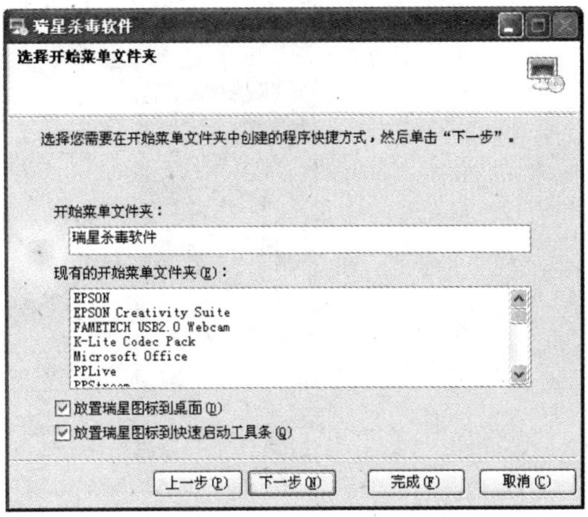

图 1.4.9　选择开始菜单文件夹

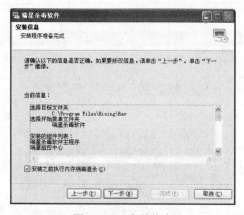

图 1.4.10　安装信息

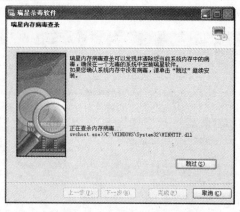

图 1.4.11　瑞星内存病毒查杀

图 1.4.12　安装过程中

图 1.4.13　安装结束

第 2 步　设置杀毒软件

安装结束重新启动机器，显示如图 1.4.14 所示的瑞星设置向导，单击"下一步"按钮，显示如图 1.4.15～图 1.4.17 所示的对话框，根据提示进行设置，单击"完成"按钮，进入瑞星杀毒软件的工作窗口，如图 1.4.18 所示。

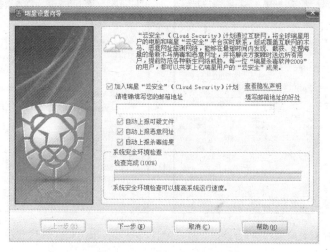

图 1.4.14　瑞星设置向导 1

图 1.4.15　瑞星设置向导 2　　　　　　　　　　图 1.4.16　瑞星设置向导 3

图 1.4.17　瑞星设置向导 4

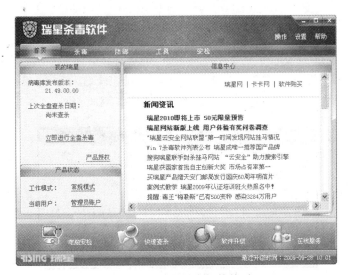

图 1.4.18　瑞星杀毒软件首页

如果在"瑞星设置向导"过程中设置，则在瑞星杀毒软件的工作窗口中选择"设置"，弹出如图 1.4.19 所示对话框，根据提示分别进行查杀设置、监控设置、防御设置、升级设置等，建议升级设置中选择"即时升级"。

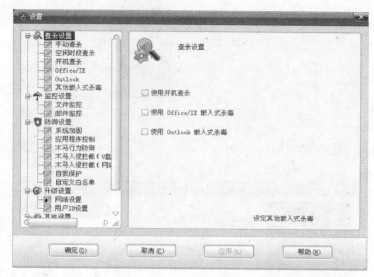

图 1.4.19 "设置"对话框

第 3 步　杀毒软件升级

在瑞星杀毒软件工作窗口上，单击"软件升级"按钮，弹出"智能升级正在进行…"对话框，如图 1.4.20 所示，获取升级信息，弹出"瑞星软件智能升级程序"对话框，如图 1.4.21 所示，下载升级文件。

图 1.4.20 "智能升级正在进行…"对话框

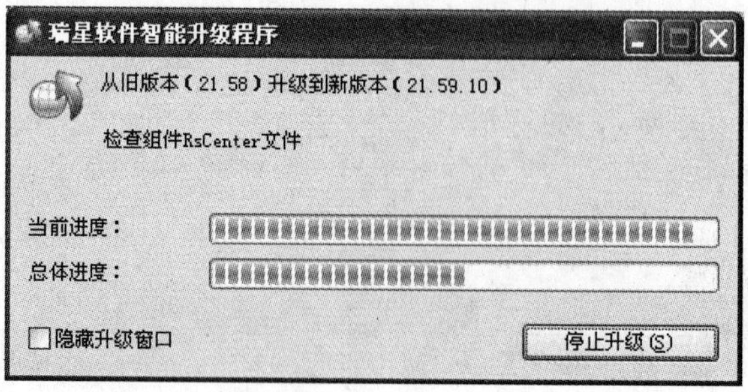

图 1.4.21 "瑞星软件智能升级程序"对话框

升级文件下载之后，自动进入更新过程中，如图 1.4.22 所示，更新完成后，弹出如图 1.4.23 所示对话框，单击"完成"按钮后，显示如图 1.4.24 所示瑞星杀毒软件工作窗口。

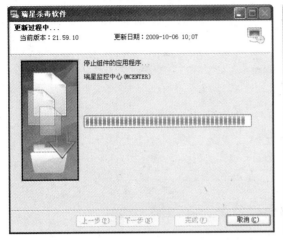

图 1.4.22 瑞星杀毒软件更新过程中

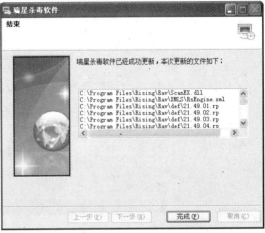

图 1.4.23 瑞星杀毒软件更新完成

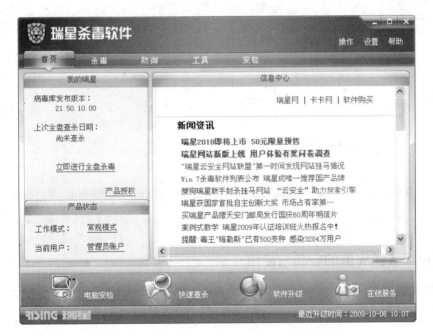

图 1.4.24 升级后的瑞星杀毒软件工作窗口

第 4 步 使用杀毒软件

在"瑞星杀毒软件"工作窗口中，选择"杀毒"选项，单击"可移动磁盘(J:)"前"□"，如图 1.4.25 所示对话框，单击"开始查杀"按钮，弹出如图 1.4.26 所示对话框，先查杀系统内存，再查杀指定目标，如图 1.4.27 所示，查杀完成后默认返回。

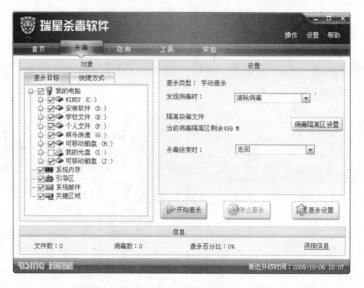

图 1.4.25　瑞星杀毒软件更新过程中

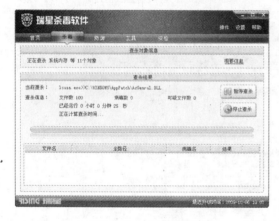

图 1.4.26　查杀过程中

图 1.4.27　查杀完成

※瑞星个人防火墙的安装与使用

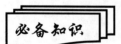

　　瑞星个人防火墙为计算机提供全面的保护。内嵌"木马墙"技术，彻底解决账号、密码丢失问题。可疑文件定位列出系统正在运行的所有进程，使病毒无地可藏。内置细化的规则设置，使网络保护更加智能。IP 攻击追踪，使用户在面对黑客攻击时变为"主动出击"。通过过滤不安全的网络访问服务，极大地提高了用户计算机的上网安全。网络游戏账号保护功能，可自动识别流行的网络游戏并进行安全防护。使系统具有抵抗外来非法入侵的能力，防止计算机和数据遭到破坏。

第 1 步　安装、设置防火墙

在安装对话框中选择"安装瑞星个人防火墙"，根据瑞星个人防火墙向导对防火墙进行设置的同时，按照提示完成安装，如图 1.4.28～图 1.4.40 所示，最后进入瑞星个人防火墙工作窗口，如图 1.4.41 所示（安装时建议安装到 D 盘下）。

图 1.4.28　"自动安装程序"对话框　　　　　　图 1.4.29　选择"中文简体"

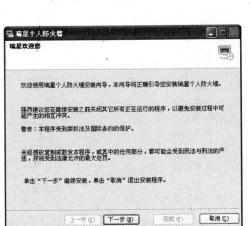

图 1.4.30　单击"下一步"按钮　　　　　　图 1.4.31　选择"我接受"选项

图 1.4.32　输入"产品序列号"和"用户 ID"　　　　　图 1.4.33　定制安装

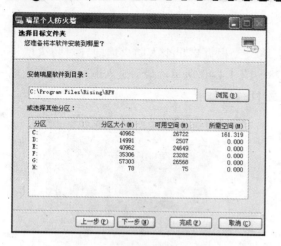

图 1.4.34　选择安装瑞星软件到目录

图 1.4.35　安装过程中

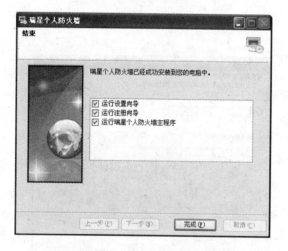

图 1.4.36　安装完成

图 1.4.37　瑞星个人防火墙向导 1

图 1.4.38　瑞星个人防火墙向导 2

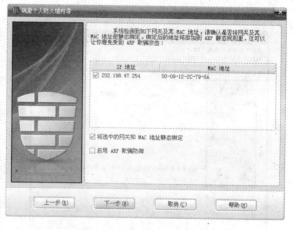

图 1.4.39　瑞星个人防火墙向导 3

图 1.4.40 瑞星个人防火墙向导 4

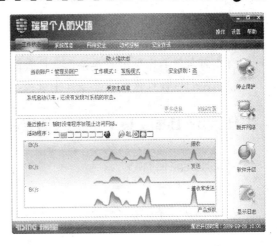

图 1.4.41 "瑞星个人防火墙"工作窗口

第 2 步　升级个人防火墙

在瑞星个人防火墙工作窗口上，单击"软件升级"按钮，弹出"智能升级正在进行…"对话框，如图 1.4.42 所示，获取升级信息，弹出"瑞星软件智能升级程序"对话框，下载升级文件，如图 1.4.43 所示。根据提示信息完成软件升级，如图 1.4.44、图 1.4.45 所示。

图 1.4.42 "智能升级正在进行…"对话框

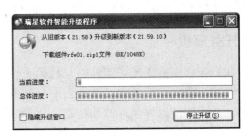

图 1.4.43 "瑞星软件智能升级程序"对话框

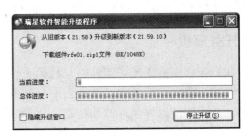

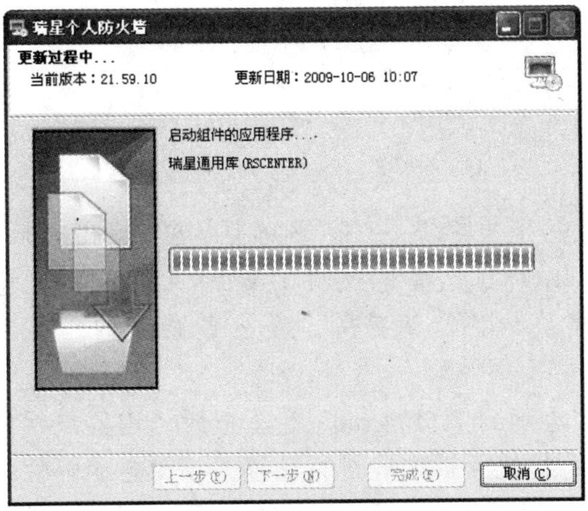

图 1.4.44 瑞星个人防火墙更新过程中

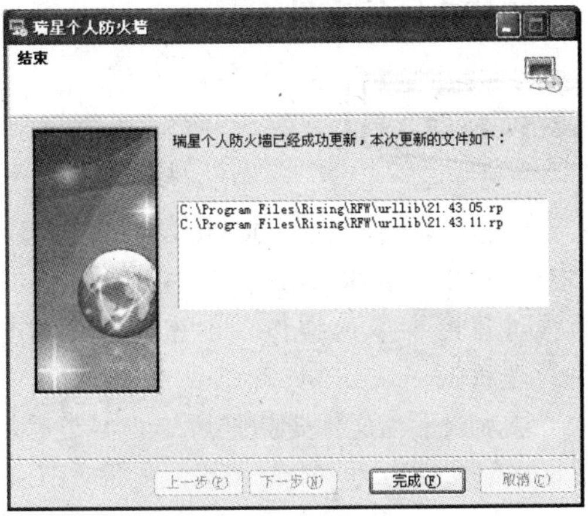

图 1.4.45 瑞星个人防火墙更新完成

即时训练

（1）为自己的计算机安装杀毒软件及防火墙。

（2）在瑞星杀毒软件工作窗口中选择"安检"选项，进行"漏洞扫描与修复"操作。

任务 5：压缩工具 WinRAR 的安装与使用

 知识技能目标

　　◇ 会建立压缩文件。

　　◇ 会释放压缩文件。

📖 任务引入

　　老师：我这儿有一个学习材料你复制一份，回去看看吧。

　　学生：哦，这是什么文件呀？

　　老师：这是压缩文件，存到你的机器中，释放后就可以用了。

　　（1）能够对所需文件进行压缩。

　　（2）能够把压缩文件释放到指定位置。

任务分析

　　我们在利用 QQ 传送文件时只能把文件一个一个地传送，操作比较烦琐，而要想把多个文件变成一个文件或者把文件所占的空间变小，最常用的办法是使用压缩软件把指定文件压缩成一个文件，以方便存放和传送。

✐ 任务实施

※建立压缩文件

必备知识

　　WinRAR 提供了 RAR 和 ZIP 文件的完整支持，并能够解压 ARJ、CAB、LZH、ACE、TAR、GZ、UUE、BZ2、JAR、ISO 等类型的文件。WinRAR 的特性包括强力压缩、多卷操作、加密技术、自释放模块、备份简易等。是一款强大的档案文件管理器。

　　添加到压缩文件是指把所选内容进行压缩；添加到 "****.rar" 是指把所选内容进行压缩，压缩文件名为 "****.rar"；压缩并 E-mail 是指把所选内容进行压缩并作为电子邮件的附件；压缩到 "****.rar" 并 E-mail 是指把所选内容进行压缩，压缩文件名为 "****.rar"，并作为电子邮件的附件。

第1步　安装压缩软件

打开"控制面板"中的"添加或删除程序"，单击"添加新程序"按钮，找到"wrar390sc.exe"文件，单击"完成"按钮，弹出如图 1.4.46 所示对话框，根据提示信息开始安装。

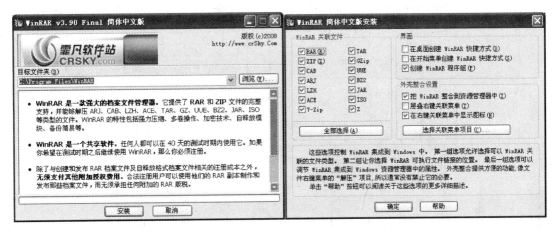

图 1.4.46　安装 WinRARv3.90 简体中文版压缩文件

第2步　建立压缩软件

打开"凤凰传奇"文件夹，选中所有 mp3 文件，单击鼠标右键，弹出快捷菜单，如图 1.4.47 所示，选择"添加到压缩文件(A)"，弹出"压缩文件名和参数"对话框，如图 1.4.48 所示，压缩文件名和参数设置好后，单击"确定"按钮，弹出"正在更新压缩文件 凤凰传奇.rar"对话框，开始创建压缩文件"凤凰传奇.rar"，如图 1.4.49 所示，在所选取的文件夹中生成一个压缩文件"凤凰传奇.rar"，如图 1.4.50 所示。

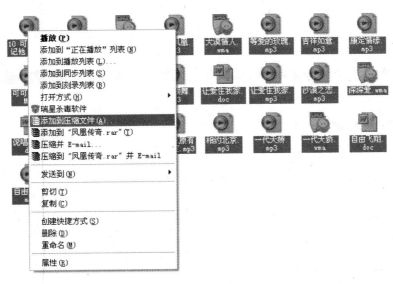

图 1.4.47　安装 WinRAR3.62 简体中文版压缩文件

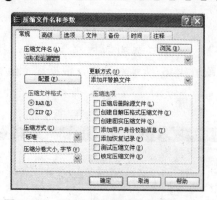
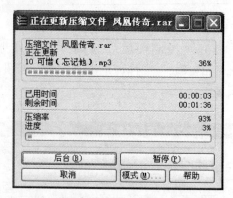

图 1.4.48　"压缩文件名和参数"对话框　　　　图 1.4.49　"正在更新压缩文件 凤凰传奇.rar"对话框

图 1.4.50　新建压缩文件"凤凰传奇.rar"

第 3 步　释放压缩软件

打开"凤凰传奇"文件夹，双击压缩文件"凤凰传奇.rar"，弹出"凤凰传奇.rar-WinRAR"窗口，如图 1.4.51 所示，单击窗口中的"解压到"按钮，弹出"解压路径和选项"对话框，如图 1.4.52 所示，设置文件释放的位置及相应参数，单击"确定"按钮，开始解压缩，释放文件，如图 1.4.53 所示，结果生成一个"凤凰传奇"文件夹，如图 1.4.54 所示。

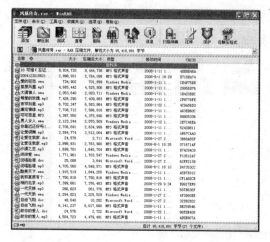
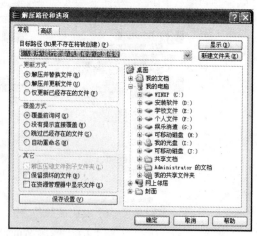

图 1.4.51　"凤凰传奇.rar-WinRAR"窗口　　　　图 1.4.52　"解压路径和选项"对话框

图 1.4.53　"正在从凤凰传奇.rar 中解压"对话框　　　　图 1.4.54　生成"凤凰传奇"文件夹

即时训练

（1）请生成一个压缩文件。

（2）创建一个自解压格式压缩文件，如图 1.4.55 所示。选择"创建自解压格式压缩文件"，单击"确定"按钮，最后生成"凤凰传奇.exe"文件，如图 1.4.56 所示，并将其解压到指定位置，如图 1.4.57 所示。

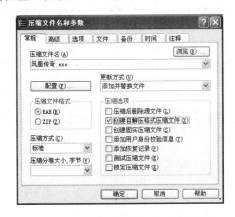

图 1.4.55　创建自解压格式压缩文件　　　　图 1.4.56　自解压"凤凰传奇.exe"文件图标

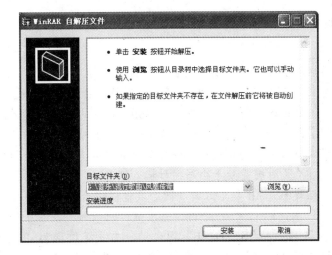

图 1.4.57　解压"凤凰传奇.exe"文件

1.5　运指如飞——中英文录入

任务6：我们一起学打字

 知识技能目标

◇ 认识键盘。
◇ 掌握英文录入方法。
◇ 掌握中文录入方法。

📖 **任务引入**

老师：这里有一篇好文章，看看你们谁录入得快？
学生：用哪种输入法录入？
老师：你们喜欢用哪种方法就用哪种方法吧。

（1）能够按指法规定录入英文文章。
（2）能够按指法规定录入中文文章。

🖝 **任务分析**

打字速度快慢决定工作效率，因此前提是要熟悉每一个键位，在此基础上，先练习录入英文文章，再用一种输入方法练习录入中文文章。

✍ **任务实施**

※认识键盘

必备知识

键盘分为主键盘区、小键盘区、功能键区及光标控制区。

主键盘区有数字键、字母键、符号键和特殊控制键。数字和符号组成双字符键，下面的字符可以直接录入，上面的字符需要先按住"Shift"键，再按需要输入。特殊控制键：退格键（删除光标前的字符）、回车键（行命令或换行）、空格键（一个字符的位置）、大小写字母锁定键（用于大小写字母的切换，该键控制小键盘区上方的信号灯，灯亮时键盘处于大写字母输入状态，灯不亮时键盘处于小写字母输入状态）、换档键（配合输入双字符键中的上档字符，又叫上档键）、Alt 和 Ctrl 键（配合其他键组合使用）。

"A、S、D、F、J、K、L、；"八个键为基准键，录入时，左右手指必须定位在这八个基准键上，左手定位区为"A、S、D、F"四个键，右手定位区为"J、K、L、；"四个键。左右手大拇指定位在"空格"键上。手指击键之后必须回到基准键位上。

第 1 步　熟悉主键盘区

如图 1.5.1 所示，把左手小拇指放到"A"键上、左手无名指放到"S"键上、左手中指放到"D"键上、左手食指放到"F"键上，同时将右手小手指放到";"键上、右手无名指放到"L"键上、右手中指放到"K"键上、右手食指放到"J"键上，指尖垂直轻轻定位在指定键中央位置上，左右手大拇指定位在"空格"键上，手背、手腕、小臂保持一条线。坐姿要正确，如图 1.5.2 所示。请用 10 分钟熟悉中排键。

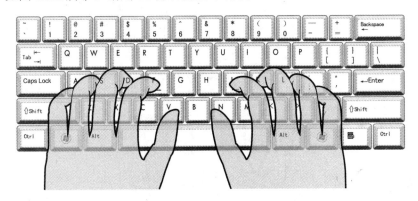

图 1.5.1　主键盘手指分布图

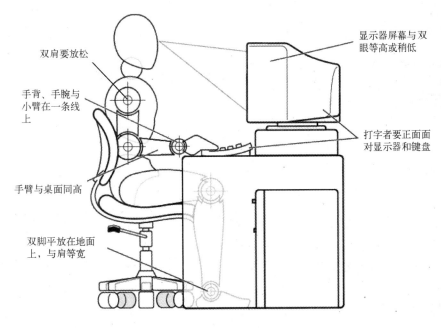

图 1.5.2　打字坐姿

左右手定位在中排键"A、S、D、F、J、K、L、;"八个键上，左右手大拇指定位在"空格"键上，用 10 分钟熟悉上排键，用相应手指击完对应上排键（左手负责 Q、W、E、R、T，右手负责 Y、U、I、O、P）之后，马上回位（即回到中排键对应位置上）。

左右手定位在中排键"A、S、D、F、J、K、L、;"八个键上，左右手大拇指定位在"空格"键上，用 10 分钟熟悉下排键，用相应手指击完对应下排键（左手负责 Z、X、C、

V、B，右手负责 N、M、、、.、/）之后，马上回位（即回到中排键对应位置上）。

第2步　熟悉小键盘区

如图 1.5.3 所示，把右手小拇指放到"+"键上、右手无名指放到"6"键上、右手中指放到"5"键上、右手食指放到"4"键上，指尖垂直定位在指定键位上，右手大拇指定位在"0"键上，手背、手腕、小臂保持一条线。用 30 分钟熟悉小键盘。

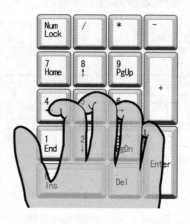

图 1.5.3　小键盘手指分布图

※录入英文文章

必备知识

在录入英文文章时，如果字母是连续的大写字母，则让键盘处于大写状态（按大写锁定键，让大写锁定灯亮起来）；如果字母是连续的小写字母，则让键盘处于小写状态（让大写锁定灯灭）。

一般情况下让键盘处于小写状态，如果遇到单词起首字母大写其他字母是小写时，让键盘处于小写状态，如果是左手负责的字母大写时，则右手小拇指按住"Shift"键，左手去击相应的字母键；如果是右手负责的字母大写时，则左手小拇指按住"Shift"键，右手去击相应的字母键。例如录入"This"时，让键盘处于小写状态，右手小拇指按住"Shift"键，左手食指去击"T"键，然后继续录入其他的字母。

单击"开始"菜单→"附件"→"写字板"，用 30 分钟录入一篇所学英语教材中的课文，建议每天录入一篇文章。

※录入中文文章

必备知识

在录入中文时需要使用中文输入法，目前最常用的中文输入法有"拼音"和"五笔字型"。"拼音"输入法最常用的是搜狗拼音输入法、陈桥拼音输入法、智能 ABC，等等；"五笔字型"输入法经常用的是王码五笔型 86 版、陈桥智能五笔、万能五笔输入法，等等。

　　单击"开始"菜单→"附件"→"写字板"，用 30 分钟录入一篇所学语文教材中的课文，建议每天录入一篇文章。

即时训练

　　（1）录入一篇所学英语教材中的一篇文章。
　　（2）录入一篇所学语文教材中的一篇文章。

 本章小结

　　本章主要通过 6 个任务，学习了 Windows XP 操作系统的基本操作、文件管理、控制面板的使用、瑞星杀毒软件及个人防火墙的安装与使用、压缩文件的建立和释放以及中英文录入方法。读者可利用 Windows XP 操作系统与计算机打交道，分层次管理文件及文件夹，对计算机进行个性化设置，增加安全意识，通过正规录入训练成为打字高手。

第 2 章 走进网络世界——
因特网（Internet）的应用

2.1 准备上网——因特网的连接

任务 1：连接家庭宽带网

 知识技能目标

◇ 安装网卡或路由器相关设备。

◇ 会连接宽带网。

◇ 会设置"本地连接"。

📖 **任务引入**

学生：老师，我买了一台计算机，想上网。

老师：那你带好身份证到中国电信或网通去办理吧。

学生：好的，我去中国电信办。

（1）申请上网。

（2）为计算机配置网卡或路由器。

（3）为自己的计算机连接宽带。

（4）为校内教师机器设置本地连接。

〰 **任务分析**

家里安装计算机后就要考虑上网了，首先到中国电信或网通申请账号，然后将上网相关设备准备好，设置宽带连接，上网畅游。

✍ **任务实施**

※连接网带

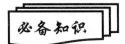

认识计算机网络

计算机网络是利用通信设备和线路把分布在不同地理位置、功能独立的多个计算机系统互连起来，使用功能完整的网络软件实现网络资源共享和信息传递的系统。计算机网络主要能够实现资源共享、在用户之间进行信息交换、分布式处理以及综合服务等功能。

计算机网络的分类

根据网络地理范围和规模将计算机网络分为局域网、城域网、广域网和因特网。

1. 局域网

局域网（Local Area Network，LAN）是我们最常见、应用最广的一种网络。是指在一个较小地区范围内由各种计算机网络设备互连在一起的通信网络。目前绝大多数单位都有自己的局域网，有的家庭中都有自己的小型局域网。局域网在计算机数量配置上没有太多的限制，少的可以只有两台，多的可达几百台。

2. 城域网

城域网（Metropolitan Area Network，MAN）又称城市网，这种网络一般来说是在同一个城市，但不在同一地理小区范围内的计算机互连，如银行、医院、邮政等。

3. 广域网

广域网（Wide Area Network，WAN）又称远程网，所覆盖的范围比城域网（MAN）更广，它一般是指连接一个国家的各个地区的网络。如国家教委的 CERNET（教育网），邮电部的 CHINANET、CHINAPAC 和 CHINADDN 网。

4. 因特网

因特网（Internet）将全球的计算机互连起来，显示出信息量大、传播广的优点。

计算机网络硬件设备

1. 网络的传输介质

用于连接网络中的各种设备，如图 2.1.1 所示。

2. 网络连接设备

一般为网络适配器，又称网卡或网络接口卡（NIC），英文为 "Network Interface Card"，它是计算机联网的必要设备，如图 2.1.2 所示。

（a）双绞线　　　　（b）同轴电缆　　　　（c）光纤

图 2.1.1　网络传输介质——有线介质　　　　图 2.1.2　网络连接设备

3. 网络间的互连设备

用于计算机网络与计算机网络之间互连的中间设备，能对网络的有关协议进行转换，如图 2.1.3 所示。

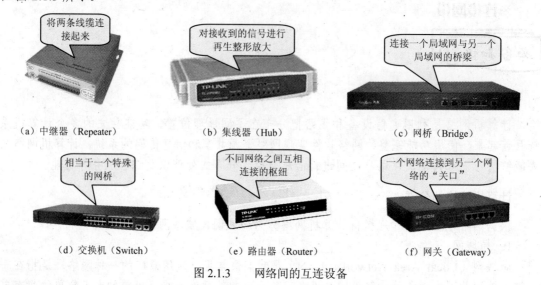

（a）中继器（Repeater）　　　　（b）集线器（Hub）　　　　（c）网桥（Bridge）

（d）交换机（Switch）　　　　（e）路由器（Router）　　　　（f）网关（Gateway）

图 2.1.3　　网络间的互连设备

网络传输协议

网络中使计算机进行信息交流而制定的相关约定和规则，目前流行的数据传输协议主要有 NetBEUI 协议、IPX/SPX 协议、TCP/IP 协议和 Apple Talk 协议。

1. NetBEUI 协议

NetBEUI 协议是一种体积小、效率高、速度快的通信协议，主要特点是占用内存少、使用方便，在网络中基本不需要任何配置，它不具有跨网段工作的功能。

2. IPX/SPX 及其兼容协议

IPX/SPX 是 Novell 公司的通信协议集，具有强大的跨网段工作的功能，适合大型网络的使用。如果访问 Novell 网络环境时，需要使用该协议。

3. TCP/IP 协议

传输控制协议/网际互连协议（Transmission Control Protocol/Internet Protocol）是美国政府资助的高级研究计划署（ARPA）在 20 世纪 70 年代的一项研究成果，是目前最流行的商业化网络协议。

4. Apple Talk 协议

Apple Talk 协议是 Macintosh 机器之间连网使用的协议，用于 Mac 机器与 Windows 服务器连网。

第 1 步　申请上网

带上身份证到中国电信或网通部门，根据相关规定办理申请上网手续，获取账号和密码。

由通信部门派专人完成外围设备的安装，用网线连接计算机和墙体接口。

第 2 步　连接宽带

单击"开始"菜单→"控制面板"→"网络和 Internet 连接"　→"网络连接"→"创建一个新的连接"，弹出如图 2.1.4 所示对话框。

单击"下一步"按钮，弹出如图 2.1.5 所示对话框。

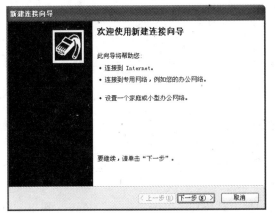

图 2.1.4　新建连接向导 1

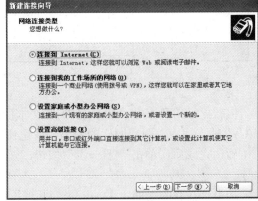

图 2.1.5　新建连接向导 2

选中"连接到 Internet(C)"，单击"下一步"按钮，弹出如图 2.1.6 所示对话框。

选中"手动设置我的连接(M)"，单击"下一步"按钮，弹出如图 2.1.7 所示对话框。

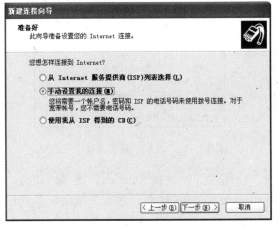

图 2.1.6　新建连接向导 3

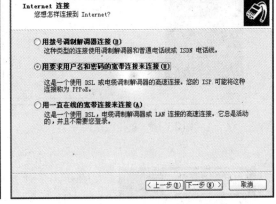

图 2.1.7　新建连接向导 4

选中"用要求用户名和密码的宽带连接来连接(U)"，单击"下一步"按钮，弹出如图 2.1.8 所示对话框。

在"ISP 名称(A)"文本框中输入与用户相关的名称，例如，输入"宽带连接"，单击"下一步"按钮，弹出如图 2.1.9 所示对话框。

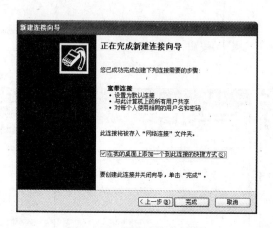

图 2.1.8　新建连接向导 5　　　　　　　　图 2.1.9　新建连接向导 6

根据提示信息，在"用户名(U)"文本框中输入用户的账户名，在"密码(P)"、"确认密码(C)"处连续输入两次同样的密码，请记住所输入的账户名称和密码。

确认完成后，单击"下一步"按钮，弹出如图 2.1.10 所示对话框，正在完成新建连接向导。

选中"在我的桌面上添加一个到此连接的快捷方式(S)"，单击"完成"按钮，弹出如图 2.1.11 所示对话框。

图 2.1.10　新建连接向导 7　　　　　　　图 2.1.11　"连接　宽带连接"对话框

图 2.1.12　"光纤宽带现在已连接"信息框

单击"连接"按钮，开始连接 Internet，连接成功后，在屏幕右下角弹出"光纤宽带　现在已连接"信息框，如图 2.1.12 所示。

在桌面上双击"　　"图标（或者单击"开始"菜单→"所有程序"→"Internet Explorer"），打开 IE 浏览器，进入网络世界。

即时训练

设置一下"本地连接"。

2.2　知识百事通——网络信息获取

任务 2：使用 IE 浏览器浏览 "搜狐" 网页

 知识技能目标

◇ IE 浏览器工作窗口。

◇ 会使用 IE 浏览器。

◇ 会浏览网页、收藏网址、保存网页。

◇ 会设置 IE。

📖 **任务引入**

老师：你上网看看 "甲型 H1N1 流感" 疫情。

学生：好的，我现在就去。

（1）学会用 IE 浏览器浏览各种网页。

（2）把经常使用的网页地址收藏起来。

（3）会设置 IE 浏览器。

〰 **任务分析**

上网浏览网页内容时离不开浏览器，经常使用的是微软公司提供的 IE（Internet Explorer）浏览器，部分用户使用其他一些如 Netscape Navigator 、Mosaic 、Opera 以及近年发展迅猛的火狐浏览器等，国内厂商开发的浏览器有腾讯 TT 浏览器、傲游浏览器（Maxthon Browser）等。

〰 **任务实施**

※认识 IE 浏览器

 必备知识

因特网的核心是万维网（World Wide Web，WWW），万维网由 WWW 服务器、WWW 浏览器、Web 页面和 HTTP 协议等组成。信息通过 Web 页面进行传送、制作和发布。通过 WWW 浏览器浏览 Web 网页，而 Web 网页则存放在 WWW 服务器中，服务器响应浏览器的请求并为之提供服务。

浏览器（Browser）是一个软件程序，用于与 WWW 建立连接，并与之进行通信。它可以在 WWW 系统中根据链接确定信息资源的位置，并将用户感兴趣的信息资源取回来，对 HTML 文件进行解释，然后将文字图像或者多媒体信息还原出来。

　　IE 浏览器是微软公司推出的免费浏览器，2006 年的最新版本是 IE7.0 浏览器。IE 浏览器最大的好处在于，浏览器直接绑定在微软的 Windows 操作系统中，当用户计算机安装了 Windows 操作系统之后，无须专门下载安装浏览器即可利用 IE 浏览器实现网页浏览。不过其他版本的浏览器因为有各自的特点而获得部分用户的欢迎。

　　网页实际是 HTML 文件，HTML（Hyper Text Markup Language）是超文本标识语言，它是一系列标示的集合，是用 HTML 语言写成的文本文件，编好的网页是一个扩展名为 HTM 或 HTML 的文件，它通过 HTTP（Hyper Text Transfer Protocol，超文本传输协议）来实现网络上的传输的。

第 1 步　走入 IE 浏览器

　　单击"开始"菜单→"Internet Explorer"，如图 2.2.1 所示，或者在桌面上双击"🖳"图标，即可弹出如图 2.2.2 所示的窗口。

图 2.2.1　进入 IE 浏览器

图 2.2.2　IE 浏览器窗口

第 2 步　浏览"搜狐"网页

　　在如图 2.2.2 所示的地址栏中输入"http://www.sohu.com"回车，显示"搜狐"网页，如图 2.2.3 所示。

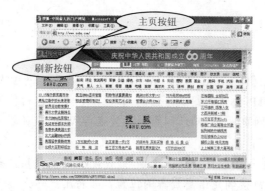

图 2.2.3　"搜狐"网页

※保存、打印网页，收藏网页地址

第1步　保存、打印"搜狐"网页

单击 IE 浏览器工作窗口"文件"菜单中的"另存为"，弹出如图 2.2.4 所示对话框，将"搜狐"网页保存到"我的文档"文件夹中。

图 2.2.4　"保存网页"对话框

单击 IE 浏览器工作窗口"文件"菜单中的"打印"，弹出如图 2.2.5 所示对话框，单击"首选项"按钮，弹出如图 2.2.6 所示对话框，选择打印纸类型，单击"确定"按钮，在"打印"对话框中单击"打印"按钮进行打印。

图 2.2.5　"打印"对话框

图 2.2.6　"打印首选项"对话框

第2步　收藏网页地址

单击 IE 浏览器工作窗口"收藏"菜单中的"添加到收藏夹(A)"，弹出如图 2.2.7 所示对话框，单击"确定"按钮，即将"搜狐"网页添加到收藏夹中。

单击 IE 浏览器工作窗口的"收藏"菜单，弹出如图 2.2.8 所示菜单，单击"搜狐—中国最大的门户网站"，直接进入"搜狐"网页进行浏览。

图 2.2.7　"添加到收藏夹"对话框　　　　图 2.2.8　添加网页后的"收藏"菜单

※设置 IE 浏览器

第1步　设置默认主页

单击 IE 浏览器工作窗口"工具"菜单→"Internet 选项"对话框，弹出如图 2.2.9 所示对话框，在"常规—主页—地址"文本框中输入"http://www.i4455.com/?011",单击"应用"按钮，即将"i4455 网址导航"设置成默认主页，每次启动 IE 就会自动登录这个网站，省去了输入网址的麻烦。

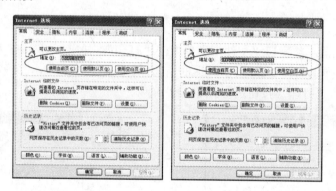

图 2.2.9　"Internet 选项"对话框

第2步　清除 Internet 临时文件

在如图 2.2.9 所示对话框中，单击"删除 Cookies(I)"按钮，弹出如图 2.2.10 所示对话框，单击"确定"按钮。

在如图 2.2.9 所示对话框中，单击"删除文件(F)"按钮，弹出如图 2.2.11 所示对话框。选择"删除所有脱机内容"，单击"确定"按钮。

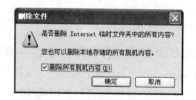

图 2.2.10　"删除 Cookies"对话框　　　　图 2.2.11　"删除文件"对话框

第 3 步　清除历史记录

在如图 2.2.9 所示对话框中，单击"删除历史记录(H)"按钮，弹出如图 2.2.12 所示对话框，单击"是"按钮。

图 2.2.12　"删除历史记录"对话框

第 4 步　安全设置

在如图 2.2.9 所示对话框中，单击"安全"选项卡，弹出如图 2.2.13 所示对话框，单击"自定义级别（C）…"按钮，弹出如图 2.2.14 所示对话框。将其中"ActiveX 控件和插件"设为"禁用"，把"Java 小程序脚本"设为"禁用"，把"活动脚本"设为"禁用"，防止多数恶意网页中有害代码或病毒的运行，如果给工作带来不便的话，可以将上述设置改为默认设置。

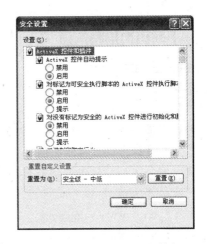

图 2.2.13　"Internet 选项"对话框——安全　　　　　图 2.2.14　"安全设置"对话框

即时训练

（1）在 IE 浏览器中输入自己喜欢的网站地址，在网页任何位置单击鼠标右键，在弹出的快捷菜单中选择"添加到收藏夹"命令，将自己喜欢的网站添加到收藏夹中。

（2）将经常使用的网页设置为默认主页。

任务 3：利用搜索引擎上网查询招聘信息

知识技能目标

◇ 掌握搜索引擎的应用。

◇ 了解常用搜索引擎网址，会查询信息。

📖 任务引入

老师：现在网上有许多招聘信息，上网查一下吧。

学生：只查我们专业招聘信息吗？

老师：是的，把招聘信息网页添加到收藏夹中，方便大家查询。

学生：好的。

（1）学会利用搜索引擎查询信息。

（2）能够记住常用搜索引擎网址。

任务分析

因特网存储了大量的信息，如何在网上快速、准确、全面地找到需要的信息很重要，一般情况下，我们是通过搜索引擎来完成查找信息任务的。

任务实施

※上网查询招聘信息

必备知识

搜索引擎是因特网上的一个 WWW 服务器，它的主要任务是自动搜索其他服务器中的信息并对其进行索引，将索引的内容存放在可供查询的大型数据库中，用户可以利用搜索引擎所提供的分类目录和查询功能查到所需要的信息。

搜索引擎网址：

百度：http://www.baidu.com/

雅虎：http://www.yahoo.com/

中文搜索引擎指南：http://www.sowang.com/

Google：http://www.google.com/intl/zh-CN/

搜狐：http://www.sohu.com/

网易：http://www.163.com/

第 1 步　浏览搜索引擎网页

在 IE 浏览器工作窗口中，单击"搜索"按钮，如图 2.2.15 所示，在左边窗口中显示的就是 IE 浏览器自带的搜索引擎，右边是"搜狐"网页，也可以搜索信息。

在 IE 浏览器的地址中输入"http://www.baidu.com/"，显示"百度"网页如图 2.2.16 所示。

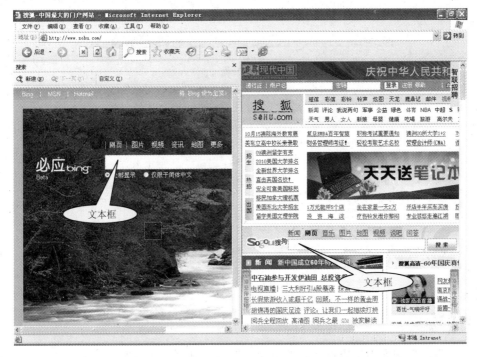

图 2.2.15　　IE 浏览器自带搜索引擎及"搜狐"网页

图 2.2.16　　百度网页

第 2 步　利用搜索引擎查询招聘信息

在"百度"网页文本框中输入"计算机专业招聘"，关于计算机专业的招聘信息就显示出来，如图 2.2.17 所示，单击每一条信息的标题，即可进入相关网页。将查询结果添加到收藏夹中。

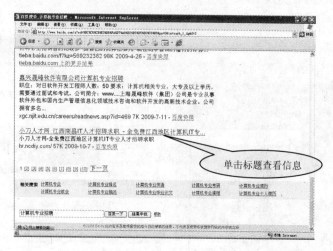

图 2.2.17　百度搜索结果

请用"谷歌"搜索引擎查询"长春至北京"的航班。

2.3　沟通由此开始——电子邮件管理

任务 4：收发电子邮件

 知识技能目标

◇ 掌握申请电子邮件的方法。
◇ 掌握收发电子邮件的方法。
◇ 掌握通讯簿的使用。

📖 任务引入

老师：你收集一下每一个人的电子照片，然后发到我的邮箱里。
学生：这么多文件我怎么发呀？
老师：把它们压缩为一个文件，然后发给我。
学生：这么简单呀！我马上去做。

（1）在"网易"网页上申请邮箱。
（2）将全班同学的电子照片压缩为一个文件发送到老师邮箱里。
（3）进入老师邮箱，把照片下载到老师的计算机中。

∽ 任务分析

在自己喜欢的网页上申请邮箱，登记邮箱，输入接收人的邮箱地址，添加附件，将照片发送出去，接收人登录邮箱接收文件即可。为方便使用，可以将经常联系的邮箱存到通讯录中，发送文件时直接从通讯录中提取接收方邮箱地址即可。

✍ 任务实施

※ 发送文件

电子邮件的含义

电子邮件（electronic mail，简称 E-mail，也被大家昵称为"伊妹儿"）又称电子信箱、电子邮政，它是 Internet 应用最广的服务，是一种用电子手段提供信息交换的通信方式。通过网络的电子邮件系统，用户可以用非常低廉的价格（不管发送到哪里，只需负担电话费和网费即可），以非常快速的方式（几秒钟之内就可以发送到世界上任何指定的目的地）与世界上任何一个角落的网络用户联系，这些电子邮件可以是文字、图像、声音等各种方式。同时，用户可以得到大量免费的新闻、专题邮件，并实现轻松的信息搜索，这是任何传统的方式都无法与之相比的。正是由于电子邮件的使用简易、投递迅速、收费低廉、易于保存、全球畅通无阻，使得电子邮件被广泛地应用，也使人们的交流方式得到了极大的改变。另外，电子邮件还有一个特点，就是可以进行一对多的邮件传递，同一邮件可以一次发送给许多人。

电子邮件是指用电子手段传送信件、单据、资料等信息的通信方法。电子邮件综合了电话通信和邮政信件的特点，它传送信息的速度既和电话一样快，又能像信件一样使收信者在接收端收到文字记录。

电子邮件的工作过程遵循客户—服务器模式。每份电子邮件的发送都要涉及发送方与接收方，发送方构成客户端，而接收方构成服务器，服务器含有众多用户的电子信箱。发送方通过邮件客户程序，将编辑好的电子邮件向邮局服务器（SMTP 服务器）发送。邮局服务器识别接收者的地址，并向管理该地址的邮件服务器（POP3 服务器）发送消息。邮件服务器将消息存放在接收者的电子信箱内，并告知接收者有新邮件到来。接收者通过邮件客户程序连接到服务器后，就会看到服务器的通知，进而打开自己的电子信箱来查收邮件。

通常 Internet 上的个人用户不能直接接收电子邮件，而是通过申请 ISP 主机的一个电子信箱，由 ISP 主机负责电子邮件的接收。一旦有用户的电子邮件到来，ISP 主机就将邮件移到用户的电子信箱内，并通知用户有新邮件。因此，当发送一条电子邮件给另一个客户时，电子邮件首先从用户计算机发送到 ISP 主机，再到 Internet，然后到收件人的 ISP 主机，最后到收件人的个人计算机。

ISP 主机起着"邮局"的作用，管理着众多用户的电子信箱。每个用户的电子信箱实际上就是用户所申请的账号名。每个用户的电子邮件信箱都要占用 ISP 主机一定容量的硬盘空间，由于这一空间是有限的，因此用户要定期查收和阅读电子信箱中的邮件，以便腾出空间来接收新的邮件。

电子邮件地址的典型格式为：用户名@计算机名.组织机构名.网络名.最高层域名，如 prsxcy@163.com，表示用户 prsxcy 在网易网站的免费邮箱。

第1步 申请邮箱

在 IE 浏览器中输入"网易"网站地址：http://www.163.com/，如图 2.3.1 所示。单击"注册免费邮箱"，弹出如图 2.3.2 所示注册网页。在"用户名"文本框中输入要使用的用户名"piaorenshu1969"然后单击"检测"，如果是唯一的用户名，则弹出如图 2.3.3 所示对话框，选择piaorenshu1969@163.com，按要求连续输入两次"密码"，在"安全信息设置"中完成"密码保护问题"、"密码保护问题答案"、"性别"、"出生日期"设置，手机号码可填写也可不填写，在"注册验证"处输入"验证码"，单击"创建账号"，弹出如图 2.3.4 所示"注册成功"网页，单击"进入邮箱"按钮，登录邮箱，如图 2.3.5 所示。

图 2.3.1 "网易"网页

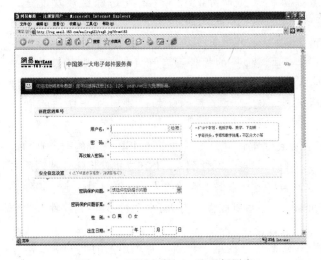

图 2.3.2 网易邮箱——注册新用户

图 2.3.3 确定想要的邮箱账号

图 2.3.4　邮箱账号注册成功

图 2.3.5　登录邮箱

第 2 步　发送电子邮件、保存邮箱地址

在图 2.3.5 中，单击"写信"按钮，弹出如图 2.3.6 所示网页，在"收件人"文本框处输入邮箱地址：prsxcy@163.com，在"主题"处输入："学生照片"，单击"添加附件"按钮，添加"学生照片.rar"文件，单击"发送"按钮，弹出如图 2.3.7 所示网页。单击"添加到通讯录"按钮，如图 2.3.8 所示，输入姓名，选择"分组"，单击"确定"按钮，保存到"通讯录"中。

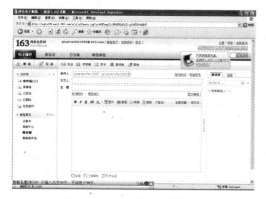

图 2.3.6　"写信"网页

图 2.3.7　发送成功

图 2.3.8　保存收件人邮箱地址

第3步　接收电子邮件

在图 2.3.5 中，单击"收信"或者"收件箱"按钮，弹出如图 2.3.9 所示网页，单击"网易邮件中心"，弹出如图 2.3.10 所示网页，这是网易邮件中心发来的主题为"欢迎您使用163 网易免费邮！"的一封信。

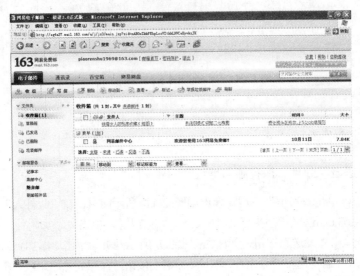

图 2.3.9　"收信/收件箱"网页

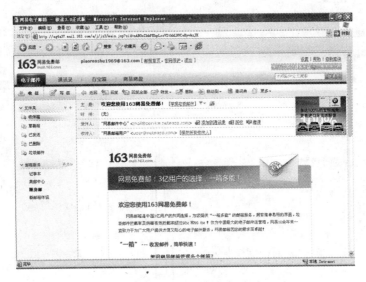

图 2.3.10　邮件内容

即时训练

（1）请申请一个新浪或搜狐邮箱，也可以申请其他邮箱。

（2）给老师发送一封电子信件。

（3）将所有同学的邮箱地址添加到"通讯录"中。

2.4　我的好帮手——常用网络工具软件的使用

任务 5：下载安装迅雷软件及使用迅雷软件下载资源

 知识技能目标

◇ 会下载、安装迅雷下载软件。

◇ 会使用迅雷下载软件下载资源。

📖 **任务引入**

老师：中央电视台播放的"开学第一课"非常好，你上网下载一下。

学生：好的，下载后什么时间播放？

老师：这周五下午给同学们播放一下。

学生：好的，我马上去下载。

（1）能够在网上查找下载迅雷软件，并安装到计算机中。

（2）使用迅雷下载软件下载"开学第一课"视频。

🖝 **任务分析**

网络时代给我们带来的最大好处是随时上网查找下载所需要的资料，但使用什么样的下载软件很关键，我们经常使用的下载软件有迅雷、QQ 旋风、网际快车，等等，会使用其中的一个下载软件即可。

✍ **任务实施**

※下载安装迅雷软件

 必备知识

"迅雷"于 2002 年年底由邹胜龙和程浩始创于美国硅谷。2003 年 1 月底，创办者回国发展并正式成立深圳市三代科技开发有限公司（三代）。由于发展的需要，"三代"于 2005年 5 月正式更名为深圳市迅雷网络技术有限公司（迅雷），即"迅雷"在大中华区的研发中心和运营中心。

"迅雷"立足于为全球因特网提供最好的多媒体下载服务。经过艰苦创业，"迅雷"在大中华地区以领先的技术和诚信的服务，赢得各广大用户的喜爱和许多合作伙伴的认同与支持。公司旗舰产品——迅雷，已经成为中国因特网最流行的应用服务软件之一。作为中国最大的下载服务提供商，迅雷每天服务来自几十个国家，超过数千万次的下载。伴随着中国因特网宽带的普及，迅雷凭借"简单、高速"的下载体验，正在成为高速下载的代名词。在行业内，"迅雷"也已经和众多的行业领航者进行合作，其中包括盛大、新浪、金山和MOTO，等等。此外，"迅雷"也获得了晨兴科技和IDGVC等数家知名风险投资企业的认同和投资。2007 年 1 月 5 日迅雷宣布第三次融资成功，本轮融资的领衔投资是联创策源（Ceyuan Ventures），参与投资的有晨兴创投（Morningside Ventures）、IDGVC、富达亚洲风险投资（Fidelity Asia Ventures），战略投资是Google（谷歌）。这些投资合作伙伴除了给"迅雷"带来了更加雄厚的资金实力外，也给"迅雷"带来了更丰富的行业资源和国际化公司运行。

迅雷使用的多资源超线程技术基于网格原理，能够将网络上存在的服务器和计算机资源进行有效的整合，构成独特的迅雷网络，通过迅雷网络各种数据文件能够以最快的速度进行传递。

多资源超线程技术还具有因特网下载负载均衡功能，在不降低用户体验的前提下，迅雷网络可以对服务器资源进行均衡，有效降低了服务器负载。

缺点就是占内存容量较大，一般迅雷配置中的"磁盘缓存"设置得越大（自然也就更好地保护了磁盘），那么内存就会占得越大，还有就是广告太多。

迅雷是个下载的软件，本身不支持上传资源，它只是一个提供下载和自主上传的工具软件。简单地说，迅雷的资源取决于拥有资源网站的多少，同时任何一个迅雷用户使用迅雷下载过的资源，迅雷就都能有所记录。如果用户能在很多网站上使用迅雷下载过，那么迅雷资源就很多了。

第 1 步　下载迅雷软件

按"http://dl.xunlei.com/index.htm?tag=1"网址登录，如图 2.4.1 所示，单击"下载"按钮，将迅雷软件下载到 D 盘"工具"文件夹中。

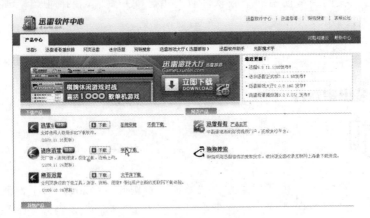

图 2.4.1　"迅雷软件中心"网页

第 2 步　安装迅雷软件

在 D 盘"工具"文件夹中找到"Thunder5.9.11.1168.exe"文件，双击该文件图标，开始安装迅雷软件，根据提示进行安装，如图 2.4.2 所示。

图 2.4.2　安装迅雷软件

单击"完成"按钮，弹出"迅雷"工作窗口，如图 2.4.3 所示。

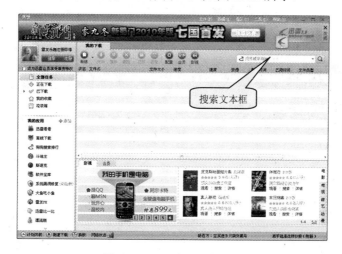

图 2.4.3　"迅雷"工作窗口

※使用迅雷软件下载资源

在迅雷工作窗口搜索文本框中，输入"开学第一课"，与此相关的信息显示在网页中，单击"中小学安全教育特别节目'开学第一课'视频"，进入中小学安全教育特别节目"开学第一课"视频网页，在"下载地址 1"处单击鼠标右键，弹出快捷菜单，如图 2.4.4 所示。

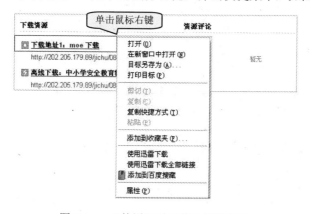

图 2.4.4　"使用迅雷下载"快捷菜单

在快捷菜单中单击"使用迅雷下载"，弹出如图 2.4.5 所示对话框，存储路径选择"影视"，通过浏览，选择"E:"盘，单击"立即下载"按钮，开始下载，如图 2.4.6 所示。

图 2.4.5 "建立新的下载任务"对话框

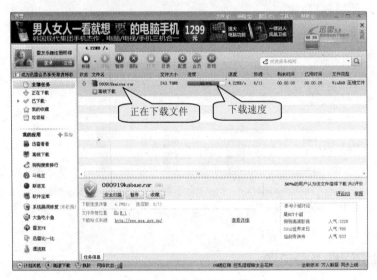

图 2.4.6 使用迅雷下载

即时训练

（1）在自己的计算机中下载迅雷软件并进行安装。
（2）上网下载学习资料。

2.5 享受网络 VIP——常见网络服务与应用

任务 6：建立 QQ 空间个人网站

 知识技能目标

◇ 会开通 QQ 空间个人网站。
◇ 会简单设置空间个人网站。

📖 任务引入

老师：我在我的 QQ 空间上转载了一些关于养生方面的文章，请你们
　　　上网转载一下，回家给你们的父母看一下。
学生：好的。

> （1）通过 QQ 空间开通个人网站。
> （2）能够根据个人喜好设计空间个人网站。

✍ 任务分析

QQ 个人空间为我们提供了丰富的个人设置，因此可以根据自己的风格进行个性化设置。在 QQ 空间个人网站里可以写心情、写日志，可以听音乐、上传照片、制作动漫影集，等等。

✍ 任务实施

※设置 QQ 空间个人网站

第 1 步　开通 QQ 控件个人网站

登录 QQ，如图 2.5.1 所示，单击"QQ 空间"按钮，显示如图 2.5.2 所示界面，或者单击"QQ 空间信息中心"按钮，进入 QQ 空间个人中心体验版网页，显示如图 2.5.3 所示对话框。

图 2.5.1　QQ2009 界面　　　图 2.5.2　"立即开通 QQ 空间"的界面　　　图 2.5.3　"QQ 空间"网页

单击"立即开通 QQ 空间"按钮，弹出如图 2.5.4 所示网页，根据自己的爱好选择空间风格，如选中"个性炫酷型"，再按"填资料"要求将相关信息填好，单击"开通并进入我的空间"按钮，弹出如图 2.5.5 所示对话框，单击"下次再领"按钮，进入 QQ 空间，如图 2.5.6 所示。

图 2.5.4　开通 QQ 空间新用户注册网页

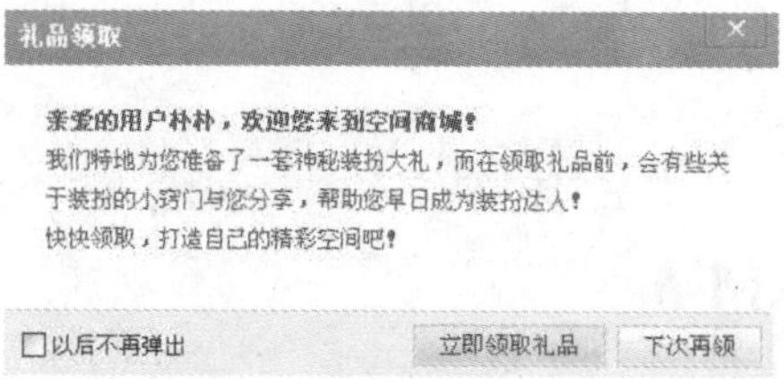

图 2.5.5　"礼品领取"对话框

图 2.5.6　"我的空间我作主"QQ 空间

第 2 步　装扮自定义空间

单击"自定义"按钮，弹出如图 2.5.7 所示对话框，选择"版式/布局"，弹出如图 2.5.8 所示对话框，在"版式"中选择"宽版 new"，在"布局"中选择"1：2：1"，在"位置"中选择"居中"。

图 2.5.7　自定义——开始

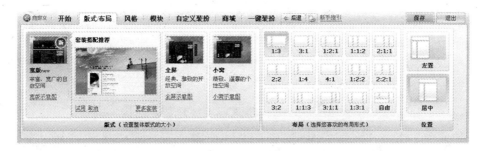

图 2.5.8　自定义——版式/风格

选择"风格"，如图 2.5.9 所示，单击"粉色糖霜"，空间风格为"粉色"基调。

图 2.5.9　自定义——风格

选择"模块"，如图 2.5.10 所示，单击自己喜欢的模块，复选框中显示"√"，表示模块被选中。

图 2.5.10　自定义——模块

单击"保存"按钮，空间按自定义发生变化，如图 2.5.11 所示。

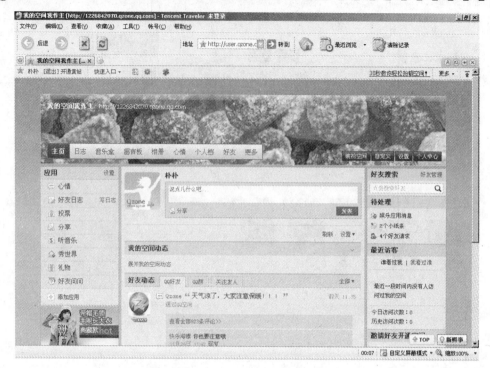

图 2.5.11　自定义后的空间

　　单击"自定义"按钮，显示如图 2.5.12 所示的窗口，将鼠标点到要移动的模块上，出现"✥"时，按住鼠标左键移动模块，根据个人爱好，将各模块重新移动摆放，结果如图 2.5.13 所示，单击"保存"按钮，回到 QQ 空间。

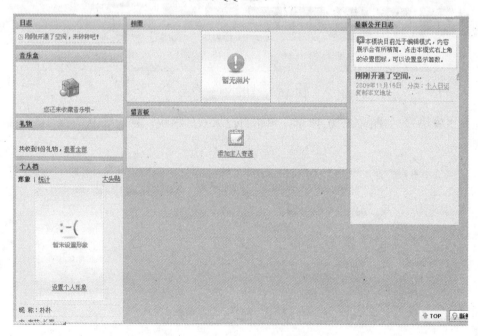

图 2.5.12　"自定义"窗口

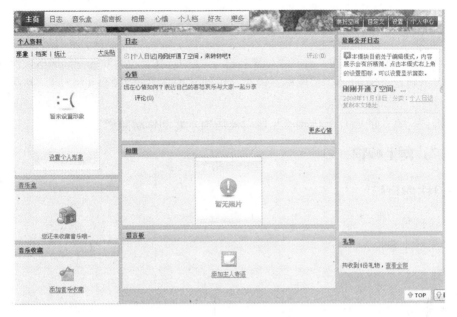

图 2.5.13 模块移动后的空间

第 3 步 充实 QQ 空间

单击"设置形象"→"上传图片"，将自己喜欢的图片进行上传，根据提示进行操作。单击"我的资料"，在窗口中将个人信息输入进去，建议不要输入太多个人信息，以免被他人利用。

单击"日志"→"写日志"，输入标题内容，对正文字体、字号及其他进行设置，如图 2.5.14 所示，输入正文，单击"发送日志"，完成"写日志"操作。

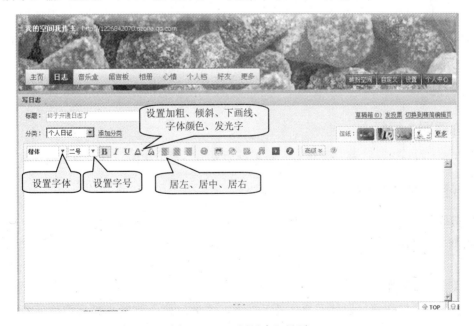

图 2.5.14 "写日志"界面

即时训练

（1）单击"自定义"按钮，选择"一键装扮"，从中选择自己喜欢的空间风格，保存退出。

（2）根据自己喜爱的版式、风格、模块，重新装扮一下自己的 QQ 空间，并在相关模块中填充资料。

（3）将自己喜欢的照片上传到"相册"模块中，并制作动感影集。

任务 7：网上购物

 知识技能目标

◇ 会注册用户。

◇ 会在网上购物。

📖 **任务引入**

老师：下周就要联欢了，你在网上买点纪念品，既要物美又要价廉。

学生：好的，保证完成任务。

（1）办理网上银行卡。

（2）选择"当当网"网站（http://home.dangdang.com/）进行注册。

（3）在"当当网"网站上选择物品进行购买。

〰 **任务分析**

生活在网络时代的我们，无论是工作还是生活，已经离不开网络，甚至出现了"宅男"、"宅女"，即足不出户，在家工作、生活的人，网上购物已经成为时尚，特别是"80"后、"90"后的年轻人，经常在购物网站平台购买商品，目前经常使用的购物网站有当当网、淘宝网、卓越网、拍拍网等，现代人一定要学会开通网上银行，在网上进行安全购物。

✍ **任务实施**

※办理网上银行卡

带上本人身份证，选择一家银行，按银行要求填写登记申请，办理网上银行卡。

※注册、网上购物

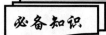

什么是网上购物

网上购物，就是通过因特网检索商品信息，并通过电子订购单发出购物请求，然后填上私人支票账号或信用卡的号码，厂商通过邮购的方式发货，或是通过快递公司送货上门。

国内的网上购物，一般付款方式是款到发货（直接银行转账，在线汇款）。担保交易（淘宝支付宝，百度百付宝，腾讯财付通等的担保交易），货到付款等。

网上购物的好处

对于消费者的好处是：

（1）可以在家"逛商店"，订货不受时间的限制；

（2）获得大量的商品信息，可以买到当地没有的商品；

（3）网上支付较传统拿现金支付更加安全，可避免现金丢失或遭到抢劫；但要保存好自己的各种支付账号和密码，防止他人获得；

（4）从订货、买货到货物上门无须亲临现场，既省时又省力；

（5）由于网上商品省去租店面、招聘雇员及储存保管等一系列费用，总的来说其价格较一般商场的同类商品更便宜。

对于商家来说，由于网上销售具有库存压力小、经营成本低、经营规模不受场地限制等特点，在将来会有更多的企业选择网上销售。通过因特网对市场信息的及时反馈适时调整经营战略，以此提高企业的经济效益和参与国际竞争的能力。

对于整个市场经济来说，这种新型的购物模式可在更大的范围内、更广的层面上以更高的效率实现资源配置。

网上购物的步骤

在网上购物非常方便，可以使用支付宝、网上银行、财付通、百付宝网络购物支付卡等来支付，安全快捷。

在确认购买信息后，可以直接按照系统的提示进行操作付款即可。但若卖家的商品不支持财付通付款，请先跟卖家进行协商。

初次网上购物者的购物流程，如图 2.5.15 所示。

图 2.5.15　初次网上购物者的购物流程图

网上购物是否安全

网上购物一般都是比较安全的，只要按照正确的步骤做，谨慎点是没问题的。最好是在家里自己的计算机上登录，并且注意杀毒软件和防火墙的开启保护及更新，选择第三方支付方式（如支付宝、财付通、百付宝等），这个需要商家支持，对于太便宜而且要预支付的商品最好不要轻信。

网上购物技巧

第一种

（1）要选择信誉好的网上商店，以免被骗。

（2）购买商品时，付款人与收款人的资料都要填写准确，以免收发货出现错误。

（3）用银行卡付款时，最好卡里不要存太多的金额，防止被没有诚信的卖家拨过多的款项。

（4）遇上欺诈或其他受侵犯的事情可在网上找网络警察处理。

第二种

（1）看。仔细看商品图片，分辨是商业照片还是店主自己拍的实物，而且还要注意图片上的水印和店铺名（因为很多店家都在盗用其他人制作的图片）。

（2）问。通过旺旺询问产品相关信息，一是了解他对产品的了解，二是看他的态度，人品不好的话买了他的东西也是麻烦。

（3）查。查店主的信用记录，看其他买家对此款或相关产品的评价。如果有各种差评，要仔细看店主对该评价的解释。

另外，也可以用旺旺来咨询已买过该商品的人，还可以要求店主视频看货。原则是不要迷信钻石皇冠，对于规模很大、有很多客服的情况也要格外小心，坚决使用支付宝交易，不要买态度恶劣的卖家的产品。

第三种

通过购物返点可以节省更多费用（2%～50%不等）。

购物返点指在返点网站购物，比如如此 98 网会给您一定比例的返点。达到一定返点数就可申请返还。

第四种

通过购物搜索引擎查找商品，购物搜索网站收录的卖家产品一般都是企业或工厂开的网上店铺，具有产品质量保证，通过购物搜索引擎可以比较卖家支付方式、送货方式、卖家对商家信誉服务态度评论，也可以查看卖家所在地路线，自行提货。这是一种新的购物选择方式，目前知道的人较少，但很方便。

第 1 步　注册

登录"当当网"（http://home.dangdang.com/）购物网站，单击"免费注册"按钮，根据提示信息填写个人相关信息，如图 2.5.16 所示。

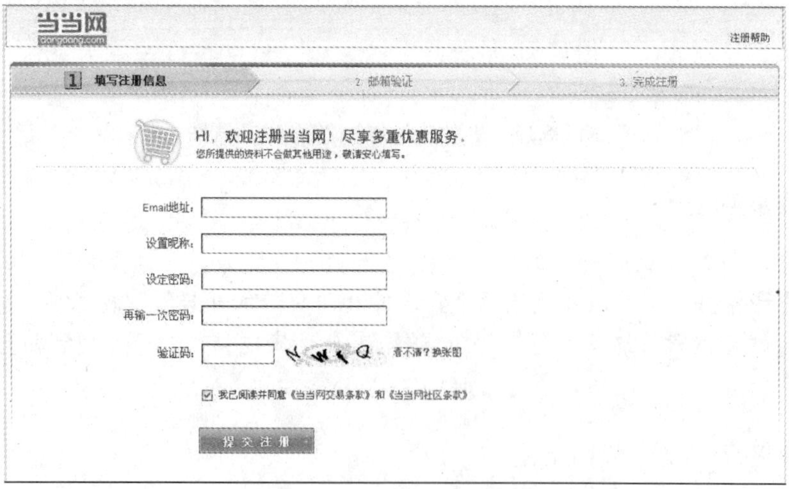

图 2.5.16　"当当网"注册向导——填写注册信息

单击"提交注册"按钮，相关信息将发送到所提供的邮箱中进行"邮箱验证"。

进入所提供的邮箱中，如图 2.5.17 所示，单击网址，回到"当当网"网站，完成注册，如图 2.5.18 所示。

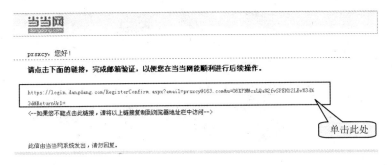

图 2.5.17 进行"邮箱验证"

图 2.5.18 完成注册

单击"编辑个人档案"，弹出"编辑个人档案"网页窗口，如图 2.5.19 所示，向下移动滚动条，根据要求填写相关信息，单击"保存基本信息"按钮，完成个人档案编辑。

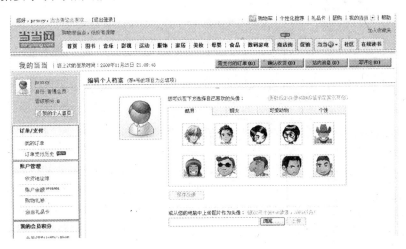

图 2.5.19 "编辑个人档案"网页窗口

第 2 步 网上购物

单击"玩具/文具"→"办公文具"→"书写工具"，如图 2.5.20 所示，在此可以查阅"当当网"网站上所有的"书写工具"，单击"晨光办公专用中性笔 0.38(1212)12 支"商品，如图 2.5.21 所示。

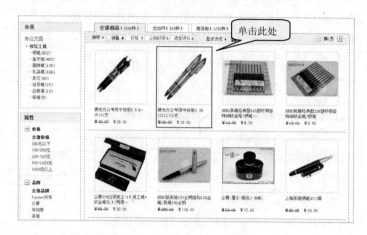

图 2.5.20　"书写工具"所有商品

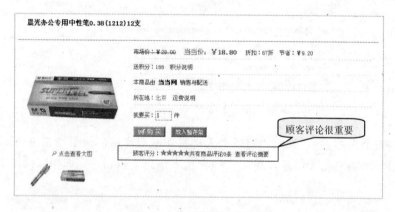

图 2.5.21　所选商品的界面

单击"商品详情"按钮（网上购物必看），可以看到该产品的详细介绍，如图 2.5.22 所示。

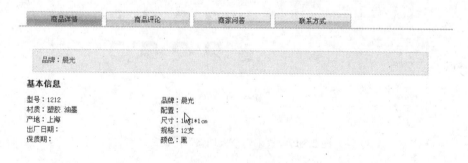

图 2.5.22　商品详情

单击"商品评论"按钮（网上购物必看），可以看到已购买者对该产品的评价，如图 2.5.23 所示。

图 2.5.23　商品评论

　　单击"购买"按钮，进入"我的购物车"窗口，如图 2.5.24 所示，单击"结算"按钮，在弹出的窗口中详细填写"收货人信息"，如图 2.5.25 所示。

图 2.5.24　"我的购物车"窗口

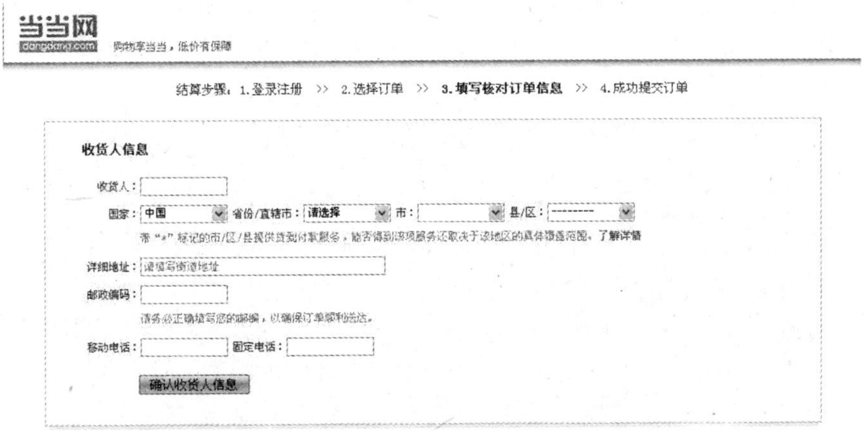

图 2.5.25　填写收货人信息

　　单击"确认收货人信息"按钮，显示"送货方式"，如图 2.5.26 所示，例如选择"普通快递送货上门"。

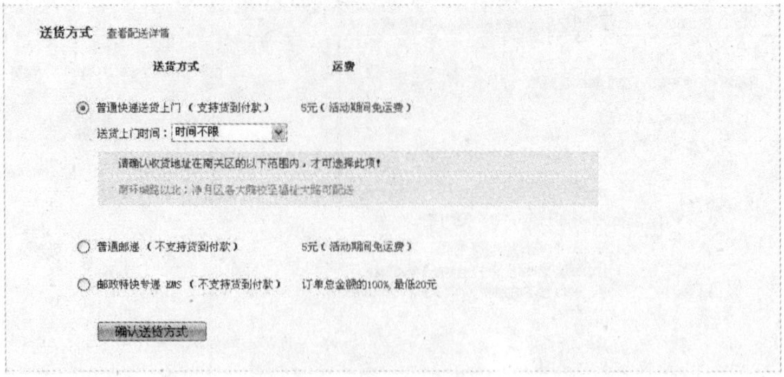

图 2.5.26　选择送货方式

单击"确认送货方式"按钮，显示"付款方式"，如图 2.5.27 所示。

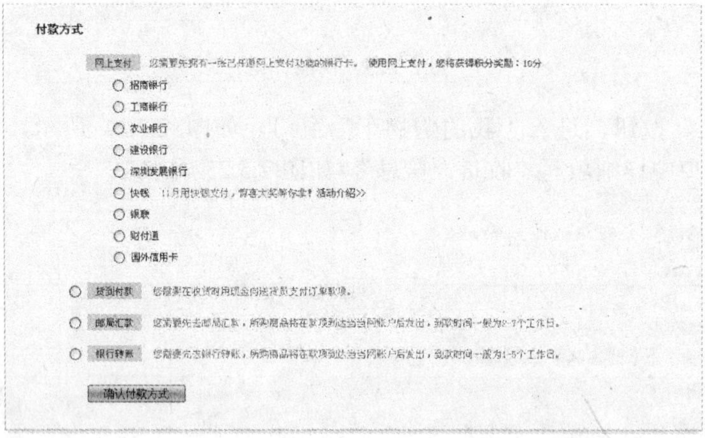

图 2.5.27　选择付款方式

单击"确认付款方式"按钮，弹出如图 2.5.28 所示对话框，显示收货人信息、送货方式、付款方式，如果需要修改，则单击某一项"修改"按钮，对相关信息进行修改。

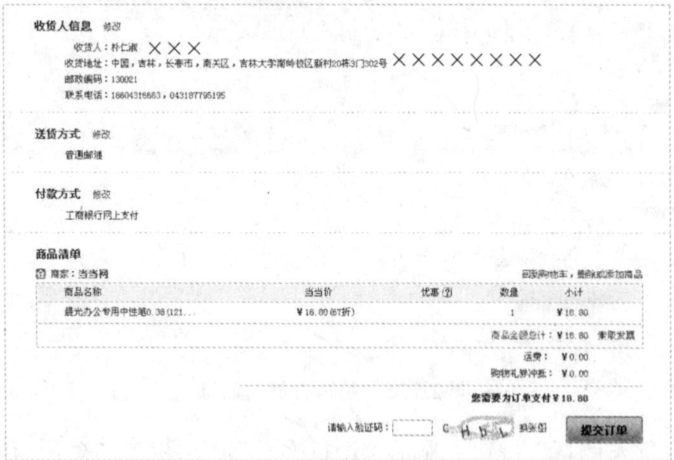

图 2.5.28　确认订单信息

确认订单信息之后，输入"验证码"，单击"提交订单"按钮，弹出如图 2.5.29 所示对话框，单击"工商银行网上支付"按钮，弹出"中国工商银行客户订单支付服务"窗口，如图 2.5.30 所示。

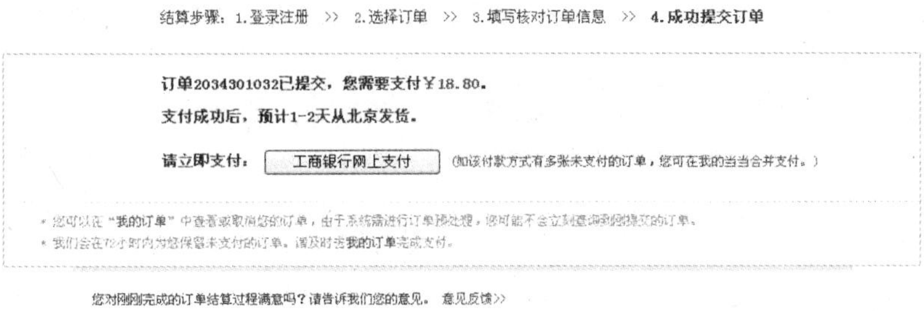

图 2.5.29　提交订单完成信息

图 2.5.30　"中国工商银行客户订单支付服务"窗口

在"支付卡(账)号"文本框处输入网上银行卡号，在其下面输入验证码，单击"提交"按钮，根据网上银行付款提示进行操作，交付完成后生成订单信息，如图 2.5.31 所示，完成本次网上购物。

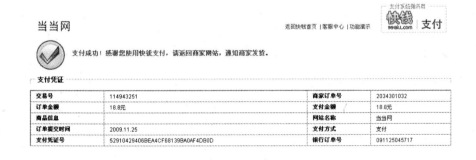

图 2.5.31　生成订单信息

返回"当当网"，如图 2.5.32 所示，单击"我的当当"→"我的订单"，弹出所有订单，如图 2.5.33 所示。

图 2.5.32　"我的当当"窗口

所有订单(1)	需支付的订单(0)		需确认收货的订单(0)	需评价商家的订单(0)		
订单号	收货人	付款方式	订单总金额	订单状态	下单时间	商家	操作
2034301032	朴仁淑	工商银行	￥18.80	等待审核	2009-11-25	当当网	取消

图 2.5.33　所有订单

 即时训练

（1）先选择好购物卡，再选择很好的购物平台，如百度（http://youa.baidu.com/）购物网站，进入网站进行注册，并登录。

（2）根据老师要求在网上购买联欢会纪念品。

本章小结

本章主要通过 7 个任务，认识了网络，能够在网上畅游，查找资料，与朋友用邮件进行交流，随时上传下载资料，能够创建自己的空间，学会在网上购买商品。

第3章 办公小秘书——文字处理软件应用

3.1 行文流水——文档的制作

任务 1：设计制作求职自荐信

 知识技能目标

◇ 文档的建立、打开、保存。

◇ 文本的录入。

◇ 字符、段落的格式化。

◇ 文档的预览及打印。

📖 **任务引入**

老师：即将毕业了，已经找到理想的单位了吗？

学生：还没有。

老师：最近有一批用人单位要来学校招人，你准备一下资料吧。

学生：都需要准备哪些资料呢？

老师：先写一份自荐信，再附上自己的简历就可以了。

学生：好的，可是我不知道该从哪几个方面写呀？

老师：网上有很多样例，你可以上网找一些呀。

学生：好的，我马上去。

利用文字编辑软件制作一份求职自荐信。

〰 **任务分析**

在老师的提导下，学生在网上收集到很多自荐信的模板，还有很多关于自荐信的写作指南，这些文档都是在 Word 中完成的，于是，学生对在网上收集的资料进行了归纳，结合自身的专业经历，先在纸介草稿上写了一封自己较满意的自荐信。下面的任务就是将这封信在 Word 中录入、排版并输出。

学生为本任务设计了如下制作思路：

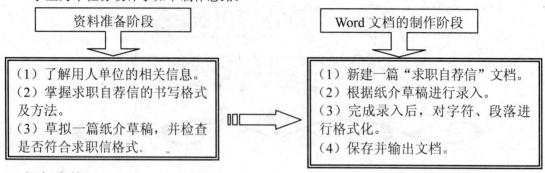

✍ 任务实施

第1步　启动 Microsoft Office Word 2003

单击"开始"按钮，弹出开始菜单。

选择"程序"→"Microsoft Office"→"Microsoft Office Word 2003"。

第2步　新建文档

启动 Word 2003 后，单击"文件"菜单，选择"新建"，打开"新建文档"任务窗格，单击"空白文档"选项，即可创建空白文档。

还可以使用下面的方法创建一个新文档。

- 首次启动 Word 时，Word 窗口中自动创建一个新的空白文档，且自动命名为"文档1"。
- 启动 Word 后，单击"常用"工具栏上的"新建空白文档"按钮，系统会基于 Normal 模板另外创建一个新的空白文档。
- 使用向导创建文档：在"文件"菜单上，单击"新建"命令，在"新建文档"任务窗格中单击"本机上的模板"，在"模板"对话框中，选择使用的模板类型，然后根据提示创建文档。

必备知识

Word 2003 窗口由标题栏、菜单栏、工具栏、标尺、文本编辑区、视图按钮、滚动条、状态栏、任务窗格等部分组成，如图 3.1.1 所示，各组成部分介绍如下。

- 标题栏：显示出应用程序的名称及本窗口所编辑文档的文件名。
- 菜单栏：是 Word 命令的集合，它提供了"文件"、"编辑"、"视图"、"插入"、"格式"、"工具"、"表格"、"窗口"和"帮助"9 个内置菜单。
- 工具栏：单击工具栏上的按钮即可快速执行对应的命令。
- 标尺：在 Word 编辑屏幕中，反映文本宽度的工具称为标尺，用于说明文档边界、缩进及制表位置。Word 提供了水平和垂直两种标尺，通过水平标尺可以查看和设置段落缩进、制表位、左右页边距。通过垂直标尺可以调整上下边距和表格中的行距等。

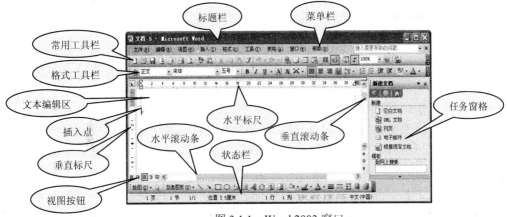

图 3.1.1　Word 2003 窗口

- 文本编辑区：窗口中间的空白区域为文本编辑区，又称工作区。该区域可用来进行文字的录入、编辑与排版等各种文字处理工作。
- 视图按钮：Word 窗口左下角的视图栏包含了多种不同的视图效果按钮，分别为普通视图、Web 版式视图、页面视图、大纲视图及阅读版式视图，单击相应按钮可完成各种视图方式的切换。
- 滚动条：在窗口的右侧和下方分别有垂直和水平两个滚动条，拖动滚动条或单击滚动按钮可以滚动查看文档的各部分内容。
- 状态栏：状态栏位于 Word 窗口的下方，其显示内容包括文档当前的页数和文档的总页数，当前光标所在页面及其在文档中的位置，还有一些编辑、修订工具等。
- 任务窗格：任务窗格位于窗口的右侧，它能帮助使用者快速地完成指定工作。Word 在执行相关命令时会自动打开相对应的任务窗格。

第 3 步　页面设置

单击"文件"菜单，选择"页面设置"，打开"页面设置"对话框，如图 3.1.2 所示。进行如下设置：纸张大小，A4（宽度 210 毫米，高度 297 毫米）；页面方向，纵向；页边距，上、下 2.54 厘米，左、右 3.17 厘米，装订线宽为 0 厘米；装订线位置为左（现代办公标准用纸是 Word 默认的纸张大小）。

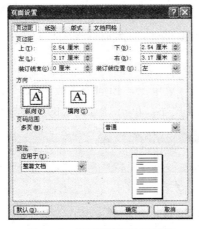

图 3.1.2　"页面设置"对话框

第4步　录入自荐信内容

在新建的空白文档中，将拟好的自荐信的内容录入其中，在这里，主要涉及文字的录入，在 Word 2003 中，除了可以录入文字外，还可以录入特殊符号、数字、时间和日期。

录入字符前，要先确定输入位置，其方法有以下两种。

（1）鼠标定位：根据 Word "即点即输" 的原则，把鼠标指针指向文档的任何位置并单击该位置。鼠标指针将会变成一个 "I" 形标记，光标就会自动移动到单击鼠标的位置。

（2）键盘定位：在输入文本的文档中，按键盘上的方向键或其他功能键移动光标位置。Word 键盘定位设置如表 3.1.1 所示。

表 3.1.1　Word 键盘定位说明

键 盘 按 键	定 　 位
←/→/↑/↓	左移/右移一个字符；上移/下移一行
Ctrl+（←/→/↑/↓）	左移/右移一个单词；上移/下移一段
End	移至行尾
Home	移至行首
Page Up	上移一页
Page Down	下移一页
Ctrl+Page Down /Up	移至下页/上页顶端
Ctrl+End/Home	移至文档结尾/开头

在光标闪烁的位置开始录入，每一段落结束后按 "Enter" 键，段内自动换行，无须回车。

录入过程中，如遇到 "×" 这样的特殊符号，不能通过键盘直接输入，可以单击 "插入" 菜单，选择 "特殊符号"，打开 "插入特殊符号" 对话框，如图 3.1.3 所示，选择特殊符号即可完成。

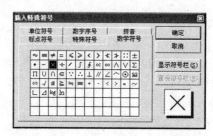

图 3.1.3　"插入特殊符号" 对话框

还可以用下面的方法录入键盘上没有的符号。

● 符号栏录入：在 "视图" 菜单上，指向 "工具栏"，单击 "符号栏" 命令，即可打开符号工具栏，如图 3.1.4 所示，单击符号栏中的符号按钮，即可完成符号录入。

图 3.1.4　符号工具栏

● 软键盘录入：要使用软键盘，首先要安装中文输入法，右击中文输入法状态条上的键盘图标，在快捷菜单上单击 "特殊符号" 软键盘，打开对应的软键盘。

第 5 步　输入日期和时间

在自荐信的最后需要输入日期，除了可以用普通方法输入日期外，还可以插入日期和时间，具体操作是，单击"插入"菜单，选择"日期和时间"，打开"日期和时间"对话框，如图 3.1.5 所示，选择日期格式即可。

图 3.1.5　"日期和时间"对话框

必备知识

在录入的过程中，可以对文本进行如下操作。

选定文本

在文档处理过程中，对于已输入的文档内容大多需要选中才能进行编辑处理。即应遵循"先选定，后操作"的原则。被选定的文本在屏幕上以"反白"显示。用户可以对选定的文本进行修改、移动、格式化等操作。

● 使用鼠标拖动选择文本

在欲选择的文本前单击并按住鼠标左键不放，拖动鼠标直至选择目标的结束处，使选择目标全部"反白"显示，就完成了对任意目标段落或文本的选择。

● 利用键盘选定文本

用键盘来选取文件中的文本时，主要通过"Shift"键、"Ctrl"键和方向键来实现。文本选择的快捷键设置如表 3.1.2 所示。

表 3.1.2　文本选择的基本方法

快　捷　键	作　用
Ctrl+A	选定整个文档
Ctrl+Shift+ Home/ End	文档开始/结尾
Shift+End /Home	行尾/首
Shift+Page Down/Page Up	下一屏/上一屏
Ctrl+Shift+ →/←/↓/↑	单词结尾/开始；段尾/段首
Shift+→/←/↓/↑	向右/左选择一个字符；下一行/上一行
Ctrl+Shift+F8+↑/↓	纵向文本块（按"Esc"键取消）
F8+箭头键	文件中的某个具体位置（按"Esc"键取消选定模式）

修改文本

● 删除文本

在输入文档内容时，不小心输入多了，就应将不需要的文本进行删除。删除文本时可以按"Backspace"键删除光标左侧的文本或按"Delete"键删除光标右侧的文本。

● 插入文本

在输入的过程中难免有遗漏，需插入遗漏内容，其插入新文本的方法是：将光标定位在要插入文本的位置，然后直接在该处输入文本即可。

● 修改文本

对于输入有误的文本，选择先删除后插入的方法，对于要改写的多处相同文本也可以采用替换的方法进行修改。

移动文本

对于编辑文档时发现输入的文本存在语句位置不正确的时候，常用移动文本的方法进行修改。

选中准备复制的文本，按住鼠标左键不放，当光标变为"🖫"时，拖动光标到目标位置。

复制文本

用复制和粘贴文本来共同完成复制文本任务，常用的方法有以下几种。

● 使用鼠标和键盘进行复制

选中准备复制的文本，按下"Ctrl"键并同时按住鼠标左键不放，当光标变为"🖫"时，拖动光标到目标位置。

● 使用功能按钮进行复制和粘贴

单击"常用工具栏"中的"🖫"按钮进行复制，单击"🖫"按钮进行粘贴。

● 使用快捷键进行复制

选中准备复制的文本，按"Ctrl+C"组合键进行复制，按"Ctrl+V"组合键进行粘贴。

● 使用菜单进行复制

选中准备复制的文本，单击"编辑"菜单，选择"复制"进行复制，选择"粘贴"进行粘贴。

● 使用快捷菜单进行复制

选中准备复制的文本，单击鼠标右键，在弹出的快捷菜单中选择"复制"命令，将光标移动到目标位置后，单击鼠标右键，在弹出的快捷菜单中选择"粘贴"命令即可，如图3.1.6所示。

校对文本

文本输入完以后，往往需要对全文进行校对，修正错误。Word 中的"查找"、"替换"、"自动更正"、"拼写检查"等命令可以加快用户的校对速度。

1. 拼写和语法检查

当在文档中输入了错误的或者不可识别的单词时，Word 会在该单词下用红色波浪线进行标记，如果出现了语法错误，则会在错误的部分用绿色波浪线标记。这时，在带有波浪线的文字上右击，会弹出一个快捷菜单，如图 3.1.7 所示，其中列出了修改建议。

　图 3.1.6　利用"快捷菜单"进行复制与粘贴　　　　图 3.1.7　利用"快捷菜单"进行拼写和语法检查

　　也可以用下面的方法进行检查。

　　（1）打开需要拼写检查的文档，在"工具"菜单上，单击"拼写和语法"命令，可弹出"拼写和语法"对话框，如图 3.1.8 所示。

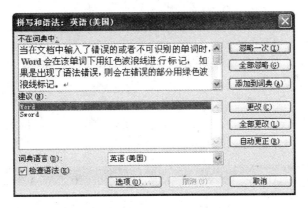

图 3.1.8　"拼写和语法"对话框

　　（2）如果有错，可在"建议"列表框中选择合适的词，然后单击"更改"按钮。

　　（3）对一些并非拼写和语法的错误，可以单击忽略按钮跳过该词的检查。

　　2. 自动更正

　　使用自动更正功能可自动修改文字或符号的错误，建立自动更正词条的过程如下：

　　（1）选择要建立为自动更正词条的文本，如"尊敬的×××公司负责人"。

　　（2）在"工具"菜单上，单击"自动更正"命令，打开"自动更正"对话框，如图 3.1.9 所示，在"自动更正"选项卡上，选中的文本出现在"替换为"框中。

　　（3）在"替换"框中输入词条名，如"zj"。

　　（4）如果用户选择的文本含有格式，可以选择"带格式文本"选项，若要去除格式，选择"纯文本"选项。

（5）单击"添加"按钮，该词条就会添加到自动更正的列表框中。

当建立了一个自动更正词条后，将插入点定位到要插入的位置，然后输入缩写词条名，按空格键或逗号之类的标点符号，Word 就将相应的词条来代替它的名字。

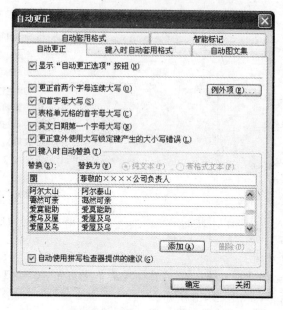

图 3.1.9 "自动更正"对话框

3. 查找和替换

在进行文档编辑时，往往会遇到某些字、词、句批量修改的情况。此时，使用 Word 提供的查找和替换功能可以很好地解决这个问题。另外，Word 还提供了文本格式、段落标记及其他项目的高级查找方法。假设要将自荐信中的"我"全部替换为"本人"，可进行下列操作。

（1）将插入点定位到自荐信的开始处，在"编辑"菜单上，单击"替换"命令，打开"查找和替换"对话框，如图 3.1.10 所示。

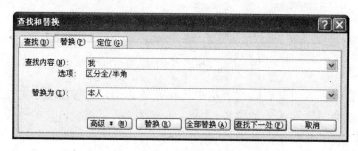

图 3.1.10 "查找和替换"对话框

（2）在"替换"选项卡上的"查找内容"文本框内输入要查找的文本"我"。

（3）在"替换为"文本框内输入替换后要显示的文本"本人"。

（4）在"查找和替换"对话框下方选择替换方式进行替换操作，待替换完成后，Word 将出现一个提示框，表示已经完成文档的搜索，单击"确定"按钮将结束此次操作，最后单击"查找和替换"对话框的"关闭"按钮即可。

第 6 步　编辑美化自荐信

选择"求职自荐信"，单击"格式"菜单，选择"字体"，打开"字体"对话框，单击"字体"选项卡，如图 3.1.11 所示，进行如下的设置。

字体：仿宋_GB2312；字号：三号；字形：加粗。

在"求职自荐信"被选中的状态下，单击"格式"菜单，选择"段落"，打开"段落"对话框，单击"缩进和间距"选项卡，如图 3.1.12 所示，进行如下的设置。

对齐方式：居中；段后：1 行。

选中除"求职自荐信"标题行下面的全部内容，在格式工具栏中设置字体为宋体，字号为小四号。

在"缩进和间距"选项卡进行如下设置：

行距为 1.5 倍行距；特殊格式：首行缩进，度量值：2 字符。

选中"顺祝公司发展顺利，事业辉煌！"一行，在"缩进和间距"选项卡中进行如下设置：

对齐方式：居中；段前：1 行；段后：1 行。

选中最后两行文本内容，在"段落"对话框中的"缩进和间距"选项卡中设置对齐方式为右对齐。也可以单击"常用工具栏"中的右对齐按钮"＂进行设置。

图 3.1.11　"字体"选项卡

图 3.1.12　"缩进和间距"选项卡

第 7 步　保存自荐信

编辑完成的求职自荐信如下：

求职自荐信

尊敬的××××公司负责人：

您好！

我是一名即将于 2009 年毕业的××学校计算机专业的学生，所学专业是计算机软件设计。

读了贵公司的招聘启事，我非常向往。贵公司在国内外享有很高的声誉，有极大的发展空间，我有志于成为贵公司的一员，为公司的发展尽自己的全力。

在校期间，我学习刻苦，成绩优异，曾多次获得奖学金。在师友的严格教益和个人努力下，我具备了扎实的基础知识。在软件方面，系统地掌握了 C 语言、数据结构、Power Builder、数据库原理、软件工程等，并对面向对象的 DELPHI 和 C#、Java 等 Windows 编程有一定了解。课外我还自学了软件测试相关知识。现已能独立编写实用的软件。

自入校以来，我充分利用业余时间广泛地参加社会实践活动。不但使我的专业技能得到了升华，也使我的管理和组织才能得以进一步发挥和锻炼，得到了校领导和老师的肯定和表扬。而且我还通过了国家英语六级考试，现已能阅读并翻译计算机资料。同时经过培训，考试合格后获得了 Java 工程师和数据库高级管理师两个职业资格证书。

若有幸加盟贵公司，我可以致力于贵公司的软件开发或根据公司的需要随时致力于某方面的工作和学习。感谢您耐心地阅读了我的求职信，如需要详细资料，请与我联系。

我的联系电话是：××××，联系地址是：××××

顺祝公司发展顺利，事业辉煌！

自荐人：×××

××××年××月××日

自荐信编辑完成后，我们要将其电子文档保存起来，以便随时调用，Word 中对文档的保存一般是指对当前处理的活动文档的保存。另外，在文档的编辑过程中还要养成经常进行阶段性保存的良好操作习惯，以减少意外断电或因其他突发事件被迫中断文档处理时所带来的损失。

在"文件"菜单上，单击"保存"命令，打开"另存为"对话框，如图 3.1.13 所示（单击常用工具栏上的"保存"按钮或按快捷键"Ctrl+S"也可以打开"另存为"对话框）。

图 3.1.13 "另存为"对话框

在"文件名"文本框中输入文件名"求职自荐信"，在"保存类型"文本框中选择文档的类型，若未选择此项，Word 将自动赋予当前文件的扩展名为".doc"。

在保存位置下拉列表中选择驱动器、路径和文件夹，指定文档存储的位置。

完成上述操作后，单击"保存"按钮完成保存文档操作。

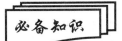
必备知识

对已经保存的文档，在不改变原有文档的前提下，经过修改以后，可用"另存为"功能进行保存。单击"文件"菜单，选择"另存为"命令，在弹出的"另存为"选项卡中选择另存文件名以及保存的路径后保存即可。

我们还可以对文档进行自动保存设置，方法是：单击"工具"菜单选择"选项"，单击打开"保存"选项卡，然后在复选框中选择自动保存文档的间隔时间，单击"确定"按钮完成设置，如图 3.1.14 所示。

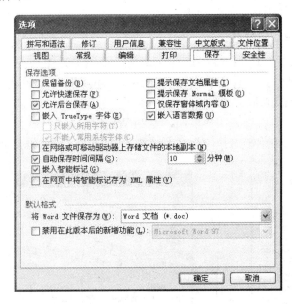

图 3.1.14　"选项"对话框

对于已经编辑完的 Word 文档，如果关闭时文档没有执行最终保存，系统会自动弹出一个消息框询问是否保存对文档的修改，以便用户确认是否需要保存该文件。

第8步　再次打开保存的自荐信

文档保存后，可以重新打开进行编辑。打开文档是指将文件从磁盘中读到计算机内存中，并将文件内容显示在屏幕上对应文件的窗口中。

在"文件"菜单上，单击"打开"命令，或单击常用工具栏上的"打开"按钮，弹出"打开"对话框，如图 3.1.15 所示。

在"查找范围"下拉列表框中选择自荐信所在的位置，并找到"求职自荐信"文档。单击"打开"按钮。

在 Word 2003 应用程序中，在"文件"菜单的底部列出了最近打开过的文件名，只要单击该文件名就可以打开该文档，如图 3.1.16 所示。

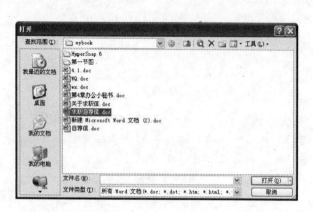

图 3.1.15　"打开"对话框

图 3.1.16 ."文件"菜单

第 9 步　预览并打印自荐信

在"文件"菜单上，单击"打印预览"命令，弹出"打印预览"窗口，将鼠标指针移到预览窗口中，将变成放大或缩小的光标，可以将打印效果放大或缩小，以方便查看打印的细节或整体布局，如图 3.1.17 所示。

打印预览完成后，单击"关闭"按钮，返回 Word 窗口。

在"文件"菜单上，单击"打印"命令，弹出"打印"对话框，如图 3.1.18 所示。

图 3.1.17　"打印预览"效果图

图 3.1.18　"打印"对话框

在"打印"对话框中可以根据具体需要进行不同的设置，这里我们取默认值，单击"确定"按钮，即可将求职自荐信打印输出了。

即时训练

根据本任务中求职自荐信的制作格式和以下招聘广告中给定的条件，设计制作一封求职自荐信。

深圳泰安电子有限公司

深圳泰安电子有限公司是以电子产品批发、零售、配送为主营项目的大型电子配件经营企业，现因业务发展需要，公司诚聘下列人员：

（1）系统集成工程师，1 名，35 岁以下。岗位要求：计算机专业本科以上学历，熟悉网络、操作系统，数据库系统安装，2 年以上相关工作经验，具备相关认证证书者优先考虑。

（2）软件工程师，5 名，25 岁以下。岗位要求：计算机专业本科以上学历，精通C#/C++，熟悉 ORACLE 数据库，2 年以上软件开发经验者优先。

（3）网络营销员，10 名，30 岁以下。岗位要求：熟悉 Internet 营销，懂 HTML 语言和 ASP，2 年以上营销经验者优先。

以上人员要求品质好，有敬业精神，一经录用，待遇从优。

报名要求：携带近期 1 寸免冠照片一张，学历证书，职称证书，身份证原件。

通信地址：×××××××

邮编：×××××

必备知识

（1）求职信的结构包括名称、收信人称呼、正文、结尾、署名、日期和附录共 7 个方面的内容。

（2）求职信的具体写法

① 名称："求职信"写在首行正中。

② 收信人称呼：求职信的称呼与一般书信不同，书写时必须正规。

如："尊敬的××处（司）长"、"尊敬的××董事长（总经理）先生"、"尊敬的××厂长（经理）"、"尊敬的××教授（校长、老师）"等。

③ 正文：求职信的中心部分是正文，形式多种多样，但内容都要求说明求职信息的来源、应聘职位、个人基本情况、工作成绩等事项。首先，写出信息来源渠道。其次，在正文中要简单扼要地介绍自己与应聘职位有关的学历水平、经历、成绩等，令对方从阅读完毕之后就对你产生兴趣。但这些内容不能代替简历，较详细的个人简历应作为求职信的附录。最后，应说明能胜任职位的各种能力，这是求职信的核心部分，表明自己具有专业知识和社会实践经验，具有与工作要求相关的特长、兴趣、性格和能力。

④ 结尾：希望对方给予答复，并盼望得到参加面试的机会。另外，要有表示敬意、祝福之类的词句，如"顺祝愉快安康"、"祝贵公司财源广进"等，也可用"此致"之类的通用词。结尾的任务是给人一个完整鲜明的印象，可以强调求职者的愿望和要求，如"热切地盼望贵公司肯定的答复"或"盼望着贵厂的录取通知"或"希望给予面试的机会"。最重要的是别忘了在结尾认真写明自己的详细通信地址、邮政编码和联系电话，以方便用人单位与之联系。

⑤ 署名：按照中国人的习惯，直接签上自己的名字即可。

⑥ 日期：写在署名右下方，应用阿拉伯数字书写，年、月、日全都写上。

⑦ 附录：求职信一般要求和有效证件一同寄出，如学历证、职称证、获奖证书、身份证的复印件，并在正文左下方一一注明。

3.2　纵横有致——表格操作

任务2：设计制作简历表

知识技能目标

◇ 表格的创建。

◇ 表格的编辑。

◇ 表格的美化。

任务引入

老师：自荐信写得怎么样了？

学生：写好了，我就寄一封自荐信就可以吗？

老师：当然不行了，你还要制作一个个人简历。

学生：必须要有吗，自荐信里我已经把自己的情况基本介绍清楚了。

老师：有些用人单位为节省时间，更多的是参考你的个人简历。

学生：是吗，看来简历也很重要啊，那我就再准备一份简历吧。

老师：网上有很多简历的模板，你可以作为参考。

学生：好的，我马上去做。

利用表格制作一份简历。

任务分析

　　学生根据教师的提示准备制作求职个人简历文档，该文档制作的目的在于方便用人单位快速了解应聘人员的个人条件，较详细地列出其相关的资历与技能，进一步争取面试机会。为了让用人单位一目了然地了解自己，学生决定采用制作表格的方法设计自己的简历。

　　学生为本任务设计了如下制作思路：

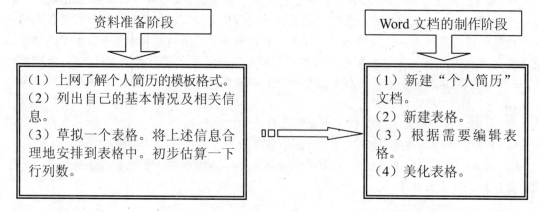

✍ 任务实施

第 1 步　新建"个人简历"文档

第 2 步　在文档的第一行，输入"个人简历"

第 3 步　新建一个空白表格

将光标定位在文档的第二行，单击"表格"菜单，选择"插入"→"表格"命令，弹出"插入表格"对话框，如图 3.2.1 所示，在列数中输入 7，行数中输入 11，其他选项暂时默认，单击"确定"按钮即可。

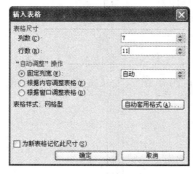

图 3.2.1　"插入表格"对话框

必备知识

表格是由"行"与"列"组成，表格中的每一格称为"单元格"，在单元格内可以输入数字、文本、图形，表格中还可以嵌套表格。

创建表格的方法很多，除了上面介绍的菜单插入法外，还可以用下面的方法创建表格。

- 单击常用工具栏中的快捷按钮"⊞"，打开"插入表格"框，如图 3.2.2 所示，拖动鼠标到需要的行列后松开即可。
- 单击"表格"菜单，选择"绘制表格"，弹出如图 3.2.3 所示的"表格和边框"工具栏，同时鼠标变为"✐"形，拖动鼠标可以插入一条斜线或表格，按"Shift"键可以使光标转换成"✐"形，可对不满意的线进行擦除。

图 3.2.2　"插入表格"框

图 3.2.3　"表格和边框"工具栏

第 4 步　编辑表格

在向表中录入内容之前，按着纸介表格中设计的形式去编辑电子文档中的表格，具体操作如下：

1. 选定第四行的第 2～4 个单元格

必备知识

（1）选定一个单元格。移动鼠标指针至该单元格左侧，当鼠标指针变成右向黑箭头状时，单击鼠标即可选定该单元格。

（2）选定行。移动鼠标指针至该行的左侧，当鼠标指针变成向右倾斜的黑箭头状时，单击鼠标即可选定该行。拖拽鼠标即可选定多行。

（3）选定列。移动鼠标指针至该列顶端边框，当鼠标指针变为向下的黑箭头状时，单击鼠标即可选定该列。拖拽鼠标即可选定多列。

（4）整张表格的选定。移动鼠标指针至该表格左上角，出现表格移动控点时，单击该移动控点即可选定整张表格；也可以在选定顶角的单元格、最外侧的行或列后，通过按住鼠标左键拖过整张表格来进行选定。

2. 合并选定的单元格

必备知识

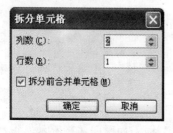

图 3.2.4　"拆分单元格"对话框

（1）合并单元格。选中表格中要合并的单元格，单击"表格"菜单，选择"合并单元格"命令，或单击右键快捷菜单"合并单元格"命令，即可将所选各单元格合并成 1 个单元格。

（2）拆分单元格。选中表格中要拆分的单元格，单击右键快捷菜单中的"拆分单元格"命令，弹出如图 3.2.4 所示的"拆分单元格"对话框，给定拆分的行数和列数后，单击"确定"按钮即可。

3. 同时处理其他需要编辑的单元格

必备知识

在处理不同的表格时，还可能用到下列操作。

（1）在表格里插入行或列。在表格的编辑过程中，随时可以向表格中添加行或列。

选中表格中一行（列）；单击右键快捷菜单插入行（列）命令，可在当前行上面（列前面）插入空行（列）。

（2）删除单元格和行/列中的内容及其行/列、整张表的删除。

● 删除单元格中的内容：选中单元格中的文本，然后按 "Backspace" 键或 "Delete" 键。

● 删除行/列中的内容：选定该行/列，然后按 "Delete" 键。

● 删除行、列：选定该行/列，包括行结束标记，然后单击 "表格" 菜单中 "删除" 命令下的 "行" 或 "列" 命令。

● 删除表格：选定整张表格，使用剪切功能。

（3）移动、复制、粘贴表格。

● 将鼠标指针指向要移动表格的左上角，将光标停留在控点上，稍停留片刻鼠标指针即变为四向箭头 " "；按住鼠标左键，将表格拖至新位置即可。

● 如果要复制表格，则按住 "Ctrl" 键的同时将表格副本拖动到新位置即可。也可以使用右键快捷菜单进行复制粘贴。

4．根据纸介表的设计将简历内容录入表格中。

必备知识

在表格中录入文本的方法和一般文档基本相似，只要先选定单元格的位置即可。另外，在简历表中有的单元格的文字需竖排，进行以下操作即可实现。

（1）选定要设置竖排的文字。

（2）单击鼠标右键，在快捷菜单中选择 "文字方向" 命令，弹出如图 3.2.5 所示的对话框。

图 3.2.5　"文字方向—表格单元格" 对话框

（3）在 "方向" 选框中选择竖排方式即可。

第 5 步　完善并美化表格

设置表格标题 "个人简历" 为宋体、三号、加粗；表格中的文字统一设置为宋体、小四号。

根据内容调整表格的行高与列宽，或调整整个表格的大小。

必备知识

（1）调整行高和列宽。

● 鼠标拖拽调整行高或列宽

可以通过拖动鼠标来完成行高或列宽的调整。将指针停留在要调整高度或宽度的行或列的边框线上，当指针变为"┼╫┼"或"┷"形时，拖动表格边框即可改变行高或列宽。

提示：在拖动边框的同时按住"Alt"键，可以在标尺上显示行高/列宽的数值。

● 使用表格属性对话框调整

在需要调整列宽的列中单击任意一个单元格。单击"表格"菜单中的"表格属性"命令（或右键菜单），打开如图 3.2.6 所示的"表格属性"对话框。在"行"或"列"选项卡设置行高或列宽数值。

要平均分布多行或多列，可先选中要统一尺寸的行或列，然后选择"表格"菜单中"自动调整"命令下的"平均分布各行"或"平均分布各列"命令即可。

（2）缩放整张表格。

为了使表格可以更好地和周围的文档契合，有时需要对表格尺寸进行调整。将光标停留在表格内部，直到表格的右下角出现一个小方框（即表格缩放控点），将鼠标移至表格缩放控制点，当指针变为向左倾斜双箭头时单击选定整张表格，此时按住鼠标左键，鼠标指针变成"+"字状，再拖动鼠标即可按比例改变表格的大小。

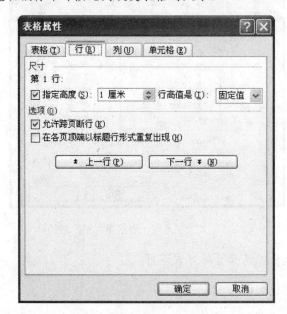

图 3.2.6　"表格属性"对话框

设置表格的边框宽度为 1/4 磅的双线，"照片"所在的单元格底纹的图案样式为"5%"。

必备知识

设置边框和底纹

（1）选定要设置的表格或单元格。

（2）首先单击"格式"或单击右键选择"边框和底纹"，弹出 "边框和底纹"对话框。然后根据需要选择如图 3.2.7 所示的"边框"选项卡，或者如图 3.2.8 所示的"底纹"选项卡，最后根据需要进行设置即可。

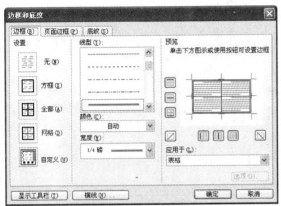

图 3.2.7 "边框"选项卡

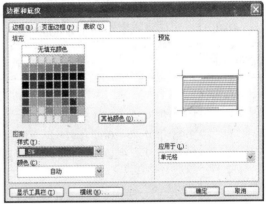

图 3.2.8 "底纹"选项卡

设置表格中的文本对齐方式。

必备知识

设置单元格的对齐方式

（1）右击要设置文字对齐方式的单元格。

（2）选择快捷菜中的"单元格对齐方式"命令，如图 3.2.9 所示，选择要设置的方式即可。

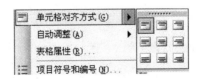

图 3.2.9 "单元格对齐方式"快捷菜单

第 6 步　保存"个人简历"文档，并打印输出

打印后的简历表效果如下：

个人简历

姓　　名	陆秀宇	性　　别	男	出生年月	1990.5	照 片
籍　　贯	吉林蛟河	民　　族	汉	身　　高	178cm	
专　　业	软件设计	健康状况	良好	政治面貌	党员	
毕业单位	长春职业技术学院信息分院			学　　历	专科	
通信地址	长春市卫星路 3278 号			邮政编码	130033	
E-mail	Lxy1990@sina.com			联系电话	8460**** 13069******	
求职意向	软件设计与开发方面					
学习经历	2002 年 9 月~2005 年 7 月　　白石山林业局第二中学 2005 年 9 月~2007 年 7 月　　蛟河市第一中学 2007 年 9 月~2009 年 7 月　　长春职业技术学院信息分院					
主修课程	熟练掌握 C#、C++语言等开发调试工具 掌握用 SQL 2005 管理数据库的基本技术 系统地学习了数据结构、Power Builder、数据库原理、软件工程等，并对面向对象的 DELPHI 和 C#、Java 等 Windows 编程有一定了解					
实践经历	利用假期曾先后在两家软件公司参与软件工程设计 实习期间在长春一汽启明软件公司参与实际项目的开发					
兴趣爱好	读书、听音乐、上网、打球等					

即时训练

根据自身条件设计一份个人简历。

必备知识

1. 设计个人简历的几点注意事项

（1）求职意向清晰明确。简历内容应有利于自己所应征的职位。

（2）突出自身优势。每人都有自己独特的经历和专业技能，有特长的地方应详尽描述，特别是有助于自己所应征职位的方面。

（3）用事实说话。将自己的技能特长以证书或成果的形式展现出来，不要写一些过空过大的话。

（4）自信但不自夸。简历内容只要充分准确地表达自己的才能即可，不可过分浮夸，华而不实。

（5）适当地表达对招聘单位的关注及兴趣。这会引起招聘人员的注意和好感，同时可以帮助争取面试机会。

2. 在设计表格时，还可以根据需要进行相关操作

（1）自动套用格式

如果希望能迅速改变表格的外观，可以通过套用 Word 提供的多种表格格式，快速地创建出精美的表格，具体操作如下。

① 单击"表格"菜单，选择"表格自动套用格式"命令，打开"表格自动套用格式"对话框，如图 3.2.10 所示。

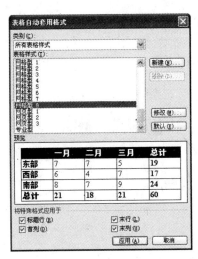

图 3.2.10　"表格自动套用格式"对话框

② 在"表格样式"列表框中选择所需的表格样式，可在"预览"下预览各种表格样式的显示效果，单击"确定"按钮，即可完成"表格自动套用格式"的设置。

（2）标题行重复

如果一个表格很长，横跨了很多页，在其他页中就无法显示标题行的内容，这样阅读起来就非常不方便，Word 提供的"标题行重复"功能可以解决这个问题，具体操作如下：

① 将光标定位在标题行的任意一个单元格内。

② 单击"表格"菜单，选择"标题行重复"命令，即能实现标题行的重复。

（3）文本与表格间的转换

① 将文本转换成表格

要进行转换的文本应该是格式化的文本，即文本中的每一行用段落标记隔开，每一列用分隔符（如逗号、空格、制表符等）分开，具体操作如下：

- 给文本添加段落标记和分隔符（半角英文状态下），选定要转换为表格的文本。
- 单击"表格"菜单，选择"将文字转换成表格"，选择所需要的选项后，如图3.2.11所示，单击"确定"按钮后完成转换。

② 将表格转换成文本

- 选定整张表格，单击"表格"菜单，选择"表格转换成文本"。
- 在弹出如图 3.2.12 所示的对话框中，默认选择制表符，也可以进行选择其他选项，单击"确定"按钮后完成转换。

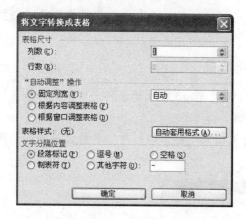

图 3.2.11　"将文字转换成表格"对话框

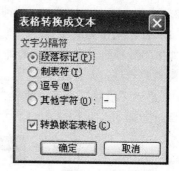

图 3.2.12　"表格转换成文本"对话框

3.3　图文并茂——图形对象的处理

任务 3：设计制作简历封面

 知识技能目标

◇ 图形对象的编辑与操作。

◇ 图片的编辑与操作。

◇ 艺术字的编辑与操作。

◇ 文本框的编辑与操作。

 任务引入

老师：简历这么快就做好了？

学生：是呀，我在网上找到了很多关于简历的模板和制作方法。

老师：看来你下了不少工夫。

学生：老师，我觉得再给简历加一个封面是不是会更好呢？

老师：当然了，如果你能做出来那就更完美了。

学生：最近在准备自荐信和简历的过程中我越来越对 Word 感兴趣了。

老师：是呀，这个软件既简单又方便，受到很多人的青睐。

学生：那我去试一试，应该没问题。

　　　　利用图形对象的编辑与操作制作简历封面。

◢ 任务分析

决定制作简历封面后，学生翻阅了一些平面设计方面的书籍，上网参考了一些封面设计方面的个案，对色彩搭配方面的知识也进行了简单的了解，最后在纸介上对自己的设计做了一个草图，下面的任务就是如何将已设计好的封面效果图在 Word 文档中实现。

学生为本任务设计了如下制作思路：

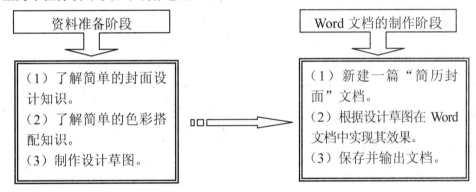

✍ 任务实施

第 1 步　新建"简历封面"文档

第 2 步　制作封面背景

在如图 3.3.1 所示的"绘图"工具栏上单击"自选图形"，弹出"自选图形"菜单，如图 3.3.2 所示，鼠标指针指向"基本形状"，单击"矩形"。

图 3.3.1　"绘图"工具栏

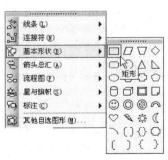

图 3.3.2　"自选图形"菜单

当鼠标指针变成"十"字形时，拖动鼠标左键至矩形大小和页面相同时松开即可。

说明：在 Word 2003 中插入一个图形对象时，会自动创建一个画布，绘图画布可以帮助我们在文档中安排图形的位置，当图形对象中包括多个图形时，其功能尤其突出。如果不希望 Word 自动创建绘图画布，单击"工具"菜单，选择"选项"命令，弹出如图 3.3.3 所示的"选项"对话框，单击"常规"选项卡，取消对"插入'自选图形'时自动创建绘图画布"复选框即可。

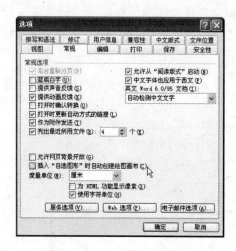

图 3.3.3　"选项"对话框

第 3 步　为矩形填充颜色

在矩形上单击鼠标右键，弹出如图 3.3.4 所示的快捷菜单，选择"设置自选图形格式"命令，弹出如图 3.3.5 所示的"设置自选图形格式"对话框。

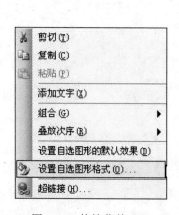

图 3.3.4　快捷菜单

图 3.3.5　"设置自选图形格式"对话框

单击"颜色与线条"选项卡，如图 3.3.6 所示，选择"颜色"下拉框下的"填充效果"命令，弹出如图 3.3.7 所示的"填充效果"对话框。

按需要进行设置后，单击"确定"按钮即可完成对矩形的颜色填充。

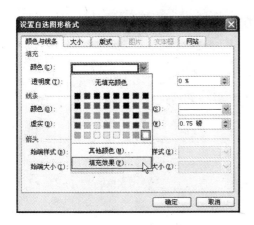

图 3.3.6 "颜色与线条"选项卡

图 3.3.7 "填充效果"对话框

第 4 步 插入艺术字"个人简历"

在 Word 中可以插入有艺术效果的文字，并可为这些文字增加阴影、斜体、旋转和延伸等特殊效果，因为艺术字也属于图形对象，所以也可用"绘图"工具栏上的按钮来改变其效果。

将光标定位在要插入艺术字的文档中。

单击"绘图"工具栏上的"插入艺术字"按钮，打开"艺术字库"对话框，如图 3.3.8 所示。

在"艺术字库"对话框中选择第一行第一列的艺术字样式，然后单击"确定"按钮，打开"编辑'艺术字'文字"对话框，如图 3.3.9 所示。

图 3.3.8 "艺术字库"对话框

图 3.3.9 "编辑'艺术字'文字"对话框

在"文字"文本框中输入"个人简历"，然后对字体、字形、字号按需要进行设置。设置完成后单击"确定"按钮，即可生成艺术字。

第 5 步 设置艺术字格式

单击选中艺术字，在弹出的如图 3.3.10 所示"艺术字"工具栏上，单击"设置艺术字格式"按钮，打开"设置艺术字格式"对话框。

图 3.3.10 "艺术字"工具栏

单击"颜色与线条"选项卡，如图 3.3.11 所示，按需要进行设置后，单击"确定"按钮即可完成对矩形的颜色填充。

单击"版式"选项卡，如图 3.3.12 所示，在"环绕方式"中选择"四周型"，单击"确定"按钮。

我们看到，艺术字周围的八个句柄由原来的实心方点变为了和自选图形一样的空心圆点，拖动这些句柄，我们可以改变艺术字的位置和大小。

图 3.3.11 "颜色与线条"选项卡

图 3.3.12 "版式"选项卡

必备知识

我们还可以对艺术字进行如下设置：

1. 设置艺术字的形状

（1）选定艺术字。

（2）在"艺术字"工具栏上，单击"艺术字形状"按钮，打开"艺术字形状"列表，如图 3.3.13 所示。

（3）在"艺术字形状"列表中选择需要的形状即可。

2. 设置艺术字阴影样式

（1）选定艺术字。

（2）在"绘图"工具栏上单击"阴影样式"按钮，在打开的"阴影样式"列表中单击需要的阴影样式即可，如图 3.3.14 所示。

3. 设置艺术字三维效果

（1）选定艺术字。

（2）在"绘图"工具栏上单击"三维效果样式"按钮，在打开的"三维效果样式"列表中单击需要的三维效果样式即可，如图 3.3.15 所示。

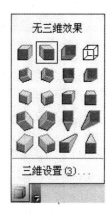

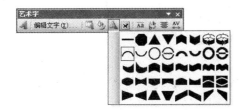

图 3.3.13 "艺术字形状"列表 　图 3.3.14 "阴影样式"列表 　图 3.3.15 "三维效果样式"列表

第 6 步　插入剪贴画

将光标定位到要插入剪贴画的位置，单击 "插入"菜单，选择 "图片"→"剪贴画"命令，文档窗口右侧将弹出"剪贴画"任务窗格，如图 3.3.16 所示。

在"剪贴画"任务窗格中的"搜索文字"文本框中输入欲插入剪贴画类型的关键词，例如剪贴画的类别、剪贴画的文件名等，在此处输入"信件"。

单击"搜索"按钮进行搜索，将在"剪贴画"任务窗格中的"结果类型"列表框中显示出搜索到的图片。

单击要插入的图片，选中的剪贴画即被插入光标所在处。

图 3.3.16 "剪贴画"任务窗格

必备知识

1. 使用"剪辑管理器"插入剪贴画

（1）在"剪贴画"任务窗格上，单击"管理剪辑..."超链接，打开"收藏夹-Microsoft 剪辑管理器"窗口。

（2）选择"Office 收藏集"列表中的"人物"项，在右侧窗格中将列出剪贴画的缩略图。

（3）选中所需要的图片，将该剪贴画拖拽到 Word 文档相应的位置，该剪贴画即被插入到 Word 文档中。

2. 从文件中插入图片

如果剪贴画中没有适合主题的图片，还可以插入来自文件中的图片，具体操作如下：

（1）将光标定位到要插入图片的位置。

（2）单击 "插入"菜单，选择 "图片"→"来自文件"命令，弹出 "插入图片"对话框，如图 3.3.17 所示。

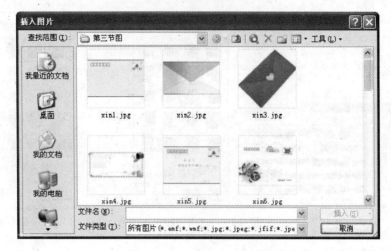

图 3.3.17 "插入图片"对话框

（3）在"查找范围"下拉列表框中选定要打开的文件，单击"视图"按钮中的箭头，然后从其弹出的菜单中选择"缩略图"菜单项，可以预览被选中的图片文件。

（4）单击要选择的图片后，单击"插入"按钮即可插入图片。

3. 图片的删除

选中图片，使用退格键、删除键或"剪切"命令均可实现删除。

第 7 步　编辑图片

右击插入的信封图片，在弹出的快捷菜单中单击"版式"选项卡，将环绕方式设置为"四周型"。

单击"版式"选项卡，按需要设置图片的大小和旋转度数。

说明：可以先将图片的环绕方式设置完成后，由原来的图片方式变为图形方式，拖动图形四周的圆形句柄即可改变图形的大小，拖动绿色的句柄即可旋转图形，如图 3.3.18 所示。

图 3.3.18　拖动绿色的句柄旋转图形

必备知识

设置图片格式的方法主要有两种：一种是单击选中的图片，弹出"图片"工具栏，如图 3.3.19 所示，可以利用工具栏中的按钮对图片的格式进行具体设置；另一种是右击图片，在快捷菜单上，单击"设置图片格式"命令，可以在弹出的"设置图片格式"对话框中设定图片的大小、版式、颜色以及图片的亮度等。

图 3.3.19　"图片"工具栏

1. 设置图片属性

（1）选中要设置属性的图片。

（2）在"图片"工具栏上选择"增加对比度"或"降低对比度"，来调节图片的对比度。

（3）在"图片"工具栏上选择"增加亮度"或"降低亮度"，来调节图片的亮度。

（4）对于插入到文档中的图片，可以设置图片的透明色。选中图片，在"图片"工具栏上，单击"设置透明色"按钮，光标对准图片要设置透明色的部分单击即可。

2. 裁剪图片

如果想对插入文档中的图片进行裁剪，以便隐藏图片中不想显示的部分。可以利用"图片"工具栏中的裁剪按钮进行裁剪。

（1）选定要裁剪的图片。

（2）单击"图片"工具栏上的"裁剪"按钮，当把鼠标指针移到图片的句柄上时，鼠标指针变为裁剪形状，如图 3.3.20 所示。

（3）当向图片内部拖动时，可以隐藏图片的部分区域；当向图片外部拖动时，可以增大图片周围的空白区域。

（4）松开左键，完成对图片的裁剪，效果如图 3.3.21 所示。

图 3.3.20　鼠标指针变为裁剪形状　　　　图 3.3.21　完成裁剪后的图片效果

（5）如果要精确地裁剪图片，可以打开"设置图片格式"对话框，在"图片"选项卡的"裁剪"栏中，对图片从上、下、左、右4个方向输入准确的数值。

说明：被裁剪的图片部分并不是真正地被删除了，而是被隐藏了起来，如果要恢复被裁剪的部分，可以用与裁剪图片同样的方法，向图片外部拖动句柄即可将裁剪的部分重新显示出来或按"图片"工具栏上的"重设图片"按钮恢复为操作前的图片。

第8步　插入文本框

在"绘图"工具栏上单击"文本框"按钮，或单击"插入"菜单，选择"文本框"→"横排"命令。

拖动鼠标至需要的大小松开鼠标即可。

在光标闪烁处输入需要的文字，编辑方法与一般页面中文字的编辑方法相同。

右击文本框，在弹出的快捷菜单中选择"设置文本框格式"命令，弹出"设置文本框格式"对话框，如图3.3.22所示。

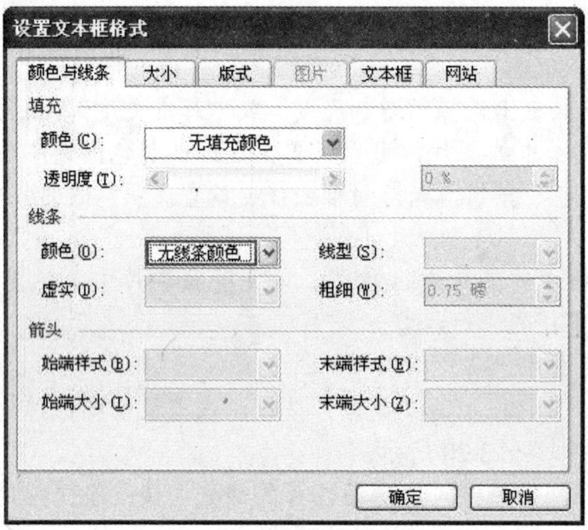

图3.3.22　"设置文本框格式"对话框

在"设置文本框格式"对话框中，选择"颜色与线条"选项卡，将"填充"中的"颜色"设置为"无填充颜色"；"线条"中的"颜色"设置为"无线条颜色"。

单击选中文本框，拖动鼠标适当调整文本框的位置，使其适合页面。

第9步　图形对象的组合

按住"Shift"键，依次单击艺术字、图片、文本框。

单击鼠标右键，在弹出的快捷菜单中选择"组合"→"组合"即可。

说明：组合后的图形对象可以作为一个对象进行编辑处理，需要时还可以重新将它们拆分开来，只需在组合后的图形对象上单击鼠标右键，在弹出的快捷菜单中选择"组合"→"取消组合"即可。

第 10 步   保存简历封面文档,

简历封面文档的最终效果图如下:

即时训练

为上节课设计的简历制作一个主题相同的封面。

必备知识

封面设计的基本要求

第一点：构思。

"构思"是整个封面设计的开端。进行封面构思的时候，需要确保封面和内容相符，以简洁的设计语言，表达出作者的思想，并吸引读者的注意力。

在构思的过程中，我们的脑海会浮现一个或者若干个想法或者构思。这些想法或者构思也许会在脑海中瞬时闪现，但很有必要把这一个或者若干个想法和构思综合思考，深入考量和探讨挖掘，并形成清晰的思路，而不应当单独选择一个想法或者构思独立考量和挖掘。因此在设计中，要多花些时间用在构思之上，以免错过任何一个好的设计要素或者好的设计方案。

第二点：构图。

前面谈到的第一点"构思"可以说只是一种"想象"，是一种抽象的东西、一种思维和思想。那么，接下来的"构图"就是把想象转换成一种具象和实际的东西。

"构图"可以说是一种版面的"排版"，介于现实和半现实之间。简单地讲，就是"找图"、"找内容"。另外，除封面的图文排版之外，纸张和颜色方面的知识也非常重要。不同的纸张且配以不同颜色的变化，不同的开本应用于同样的内容会有不同的效果。多一个点、少一个点也一样有着不同的视觉效果，而且有时会起到事半功倍的效果。诸如上述内容，都是在构图的时候有必要好好了解的！还有一点需要提醒的是：把将要用到的图片先找出来归档，以备将来具体设计的需要。

第三点："制作"。

"制作"是封面设计的最后一道工序。在完成"构思"和"构图"的打造之后，接下来就是要把这些构思和构图付诸于现实了。

在上机开始进行具体的设计制作之前，很有必要使用一下原始工具。首先用纸和铅笔把自己要制作的东西简单地描绘出来。把前面自己构思处理的若干个想法在纸上进行描绘排版并加以完善。将后期的工作在上机前进行斟酌、比较、选择并完善，上机后就会如鱼得水，有针对性地进行封面的制作，快速完成封面设计。

色彩的基本知识

1. 原色、间色和复色

（1）原色：红、黄、蓝这三种颜色被称为三原色，是任何其他色彩都不能调配出来的颜色。

（2）间色：两个原色相调和产生出来的颜色，称为间色。如红+黄=橙、红+蓝=紫、黄+蓝=绿，则橙色、紫色、绿色就是间色。

（3）复色：一种原色与一种或两种间色相调和，或两种间色相调和产生的颜色就是复色。例如：

黄+橙=橙黄、橙+绿=棕（黄灰），则橙黄色、棕（黄灰）色就是复色。

2. 色系

色彩分为无彩色系和有彩色系两大类。无彩色系是指白色、黑色和由白色、黑色调和形成的各种深浅不同的灰色。有彩色系（简称彩色系）是指红、橙、黄、绿、青、蓝、紫等颜色。

3. 色相、纯度和明度

彩色系的颜色具有三个基本属性：色相、纯度、明度。

（1）色相：色相是色彩的最大特征，是指能够比较确切地表示某种颜色色别的名称。色彩的成分越多，色彩的色相越不鲜明。

（2）纯度：色彩的纯度是指色彩的纯净程度。它表示颜色中所含有色成分的比例，比例越大，色彩越纯，比例越小，色彩的纯度也越小。

（3）明度：色彩的明度是指色彩的明亮程度。各种有色物体由于反射光量不同而产生颜色的明暗强弱。色彩的明度有两种情况：一种是同一色相的不同明度；另一种是各种颜色的不同明度。

色彩均衡问题

（1）比较全局。

（2）不同性质的物体也要有不同的处理方式。

（3）色彩不能偏于一方，否则就会失重。如页面中心有大色，则四周一定要有一些小色，左边的物体有一定的明度，右边就不能完全灰暗或空白，也要有适量的明色。

（4）若说到均衡，则纯度或明度较差的大色块与面积较小的鲜明色块也要均衡。

要表达出主页的风格，就需要理解色调的概念。色调，即页面的主色彩。我们所要表达的性格或心情，都会在页面上表达出来。如忧郁用冷色、热情开心用暖色等。而要表达我们所观察的色调，需要用到夸张、提炼、强调、概括等方法。为了突出重点，加强对比，表达气氛，是有必要进行夸张和调整的。具体的方法如下。

（1）单色调：是指只用一种颜色，只在明度和纯度上作调整，间用中性色。这种方法，有一种强烈的个人倾向。如采用单色调，易形成一种风格，但要注意的是，中性色必须做到层次分明，明度系数也要拉开，才可以达到我们想要的效果。

（2）调和调：邻近色的配合。这种方法是采用标准色的队列中邻近的色彩作配合，但易单调，因此必须注意明度和纯度，在画面的局部适当地采用少量小块的对比色，以达到协调的效果。

（3）对比调：易造成不和谐。必须加中性色来调和。

注意色块大小、位置，才能均衡我们的布局。注意在调和色彩中间用中性色，以避免造成不和谐。

总之，图案构图要追求稳、匀、奇。

3.4　以点带面——邮件合并

任务 4：简历的批量投递

　知识技能目标

◇ 主文档的创建。

◇ 数据源的选取。

◇ 合并文档的形成。

📖 任务引入

老师：你这个简历封面制作得真不错呀！

学生：谢谢夸奖，这个封面看着简单，我是下了不少功夫的！

老师：是的，看着结构明了，色彩搭配的也不错。

学生：老师，我的应聘资料现在算是全面了吗？

老师：当然了，下一步就是邮寄的问题了。

学生：可是我现在就完成一份呀，我想应聘多家用人单位呢！

老师：不管你应聘多少家单位，你的资料大体是相同的，只需稍稍改动一下就可以。

学生：是呀，我怎么忽略这个问题了呢！

老师：听说 Word 有批量制作文档的功能，你再去研究一下吧。

学生：太好了，这个软件真是帮了我不少忙呀，我现在就去研究一下。

利用邮件合并制作批量信函。

🌀 任务分析

学生在研究批量信函的制作方法之前，对自己的自荐信、简历都仔细检查了一遍，发现即使将这些资料同时邮递到多家用人单位，也无须做太多的改动，比如自荐信，只需将信件开头的公司名称换一下就可以，这样一想，学生觉得这个任务变得容易多了。

学生为本任务设计了如下制作思路：

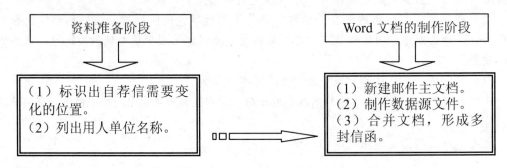

✍ 任务实施

第 1 步　创建"合并主文档"文档

打开"求职自荐信"文档，将"尊敬的××××公司负责人"中的"××××"删除。将文档另存为"合并主文档"。

第 2 步　创建"数据源"

新建一个 Excel 工作簿，输入下列数据：

单 位 名 称	单 位 地 址
长春科展有限公司	长春市前进大街 10 号
长春鹏飞发展有限公司	长春市长江路 2 号
长春英图科技公司	长春市红旗街 6 号
长春振扬科技有限公司	长春市康平街 118 号
长春鑫达科技公司	长春市兴业街 90 号

输入完成后，保存工作簿。

第 3 步　邮件合并

打开"合并主文档"，将光标定位于"尊敬的公司负责人"一句中"的"后面。

单击"工具"菜单，选择"信函与邮件"→"邮件合并向导"命令，打开"邮件合并"任务窗格，进入邮件合并步骤一，如图 3.4.1 所示。

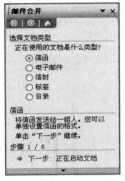

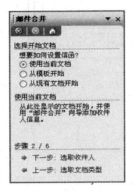
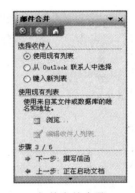

图 3.4.1　邮件合并步骤一　　　图 3.4.2　邮件合并步骤二　　　图 3.4.3　邮件合并步骤三

必备知识

- 信函：将信函发送给一组人。
- 电子邮件：将电子邮件发送给一组人。
- 信封：打印成组邮件的带地址信封。
- 标签：打印成组邮件的地址标签。
- 目录：创建包含目录或地址打印列表的单个文档。

选择"信函"单选框，然后单击"下一步：正在启动文档"，进入邮件合并步骤二。在如图 3.4.2 所示的任务窗格中，选择使用哪个文档来放置信函，可以从模板中选择一个模板来放置信函，或者从现有文档中选择一篇文档来放置信函。此处我们选择"使用当前文档"作为主文档。

单击"下一步：选取收件人"，进入邮件合并步骤三，如图 3.4.3 所示。在"选择收件人"单选列表中，选择"使用现有列表"，即在第二步中创建的数据源。

说明：在邮件合并的六个步骤中，如果想对上一步进行修改，随时单击"上一步"即可。

单击"浏览"选项，打开"选择数据源"对话框，如图 3.4.4 所示，选择在第二步中创建的数据源，打开如图 3.4.5 所示的"选择表格"对话框。

图 3.4.4 "选择数据源"对话框

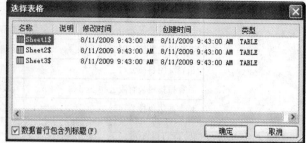

图 3.4.5 "选择表格"对话框

单击"确定"按钮，打开"邮件合并收件人"对话框，如图 3.4.6 所示。根据需要选取收件人，此处单击"全选"按钮，再单击"确定"按钮。

单击"下一步：撰写信函"，进入邮件合并步骤四，如图 3.4.7 所示。

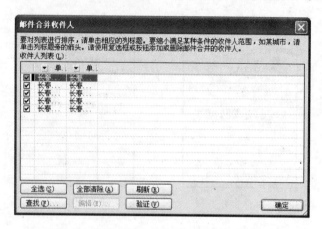

图 3.4.6 "邮件合并收件人"对话框

图 3.4.7 邮件合并步骤四

单击"其他项目"选项，打开"插入合并域"对话框，如图 3.4.8 所示。选择"单位名称"域，单击"插入"按钮，即可将该域插入到光标所在的位置，带有书名号的内容为插入的合并域，如图 3.4.9 所示。

图 3.4.8 "插入合并域"对话框

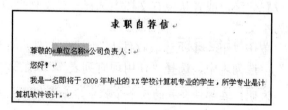

图 3.4.9 插入的合并域

单击"下一步：预览信函"，进入邮件合并步骤五，如图 3.4.10 所示。正文中的域变量即被替换成数据库中记录的相应内容，单击任务窗格上的浏览按钮，可以查看其他合并结果。

预览无误后，即可单击"下一步：完成合并"，进入邮件合并步骤六，如图 3.4.11 所示，生成合并文档。

图 3.4.10　邮件合并步骤五

图 3.4.11　邮件合并步骤六

如果想立即打印生成的文档，单击"合并"选项中的"打印"按钮，如果想再对信函进行编辑，则可以单击"编辑个人信函"，打开"合并到新文档"对话框，如图 3.4.12 所示。选择"全部"选项后，单击"确定"按钮。

保存合并后产生的文档，由于数据源中有 5 条记录，因此产生了 5 封求职信。

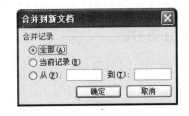

图 3.4.12　"合并到新文档"对话框

即时训练

由于要将 5 封求职信分别寄往不同的用人单位，请利用本节课所学的邮件合并的知识，设计制作风格一致，但收信地址不同的 5 个信封。

3.5　一劳永逸——模板的制作

任务 5：劳动合同模板的设计

 知识技能目标

◇ 项目符号和编号的设置。

◇ 分栏操作。

◇ 模板的运用。

📖 任务引入

老师：怎么样了，简历投递后收到回音了吗？

学生：还没有呢，刚刚寄出去三天，可能还需要等几天。

老师：是呀，也不用太着急，你可以利用这段时间做点工作前的准备工作。

学生：老师，我需要做什么呢？

老师：了解一下用工方面的信息呀，比如劳动合同是如何签订的。

学生：对呀，我刚刚走出校门，这方面的知识真是欠缺呢！

老师：没关系，这需要一个过程，你可以上网去了解一些。

学生：是呀，我觉得这段时间，通过准备个人简历，我在办公应用方面的能力得到了很大提高，我自己试着设计一份劳动合同吧。

老师：也好呀，说不定你将来工作中能用到呢。

学生：对呀，我必须多方面提高自己的能力，这样才能拓宽我的就业渠道。

老师：那你就试着做一个吧，也许对咱们班的其他同学还能有所借鉴呢。

学生：我现在就去，我相信自己有能力设计出来。

　制作劳动合同模板。

〰 任务分析

由于合同书都是由文字形成的，主要涉及文本录入和文本的编辑，在编辑合同书的过程中，除了前面学习的制作方法以外，学生还要解决以下几点：一是在文档中编号的使用；二是对文本进行分栏操作；三是将编辑好的文档保存为模板。

学生为本任务设计了如下制作思路：

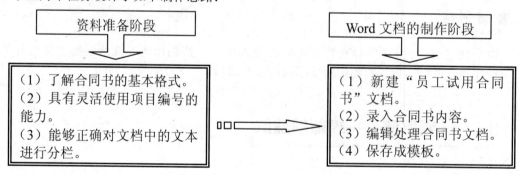

✎ 任务实施

第1步　新建"员工试用合同书"文档

第2步　录入合同书内容

第3步　字符、段落设置

选择"员工试用合同书"中的第一行标题文字，设置如下：

- 标题 "员工试用合同书" 用宋体，小三号，加粗，居中对齐；
- 其余部分内容文字用宋体，小四号；
- 正文前三行及正文后的签字部分居左对齐，正文其他部分首行缩进 2 字符；
- 行距：1.5 倍行距；
- 第四段设置段前 2 行；签字部分前的一段（本合同一式两份，甲乙双方各执一份，经双方签字后即时生效）设置段后 2 行。

第 4 步　编号设置

选择 "员工试用合同书" 中的所有条款部分（从 "乙方遵守甲方的各项管理规定及制度" 到 "本合同一式两份，甲乙双方各执一份，经双方签字后即时生效"）。单击 "格式" 菜单中的 "项目符号和编号" 命令，打开如图 3.5.1 所示的 "项目符号和编号" 对话框。单击 "编号" 选项卡，选择所需要的一种项目编号，这里我们选择 "1." 样式后，单击 "确定" 按钮即完成项目编号的设置。

说明：在使用项目符号进行排版时，如在预览框中没有符合要求的符号，可在 "项目符号和编号" 对话框中的 "编号" 选项卡上，单击 "自定义" 按钮，在如图 3.5.2 所示的 "自定义编号列表" 对话框中，单击 "编号样式" 下拉列表进行选项，或是在 "编号样式" 框中进行编辑（编辑时不可改变域变量的内容）。

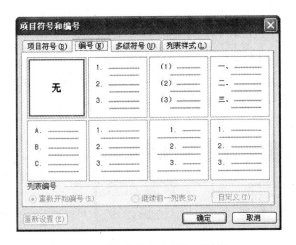

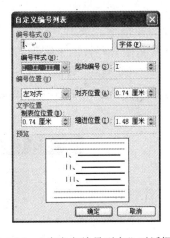

图 3.5.1　"项目符号和编号" 对话框　　　　图 3.5.2　"自定义编号列表" 对话框

用下列方法可以为文档添加项目符号：

（1）选中要设置项目符号的文本，单击 "格式" 工具栏上的项目符号按钮。

（2）单击 "格式" 菜单中的 "项目符号和编号" 命令，打开 "项目符号和编号" 对话框，单击 "项目符号" 选项卡，如图 3.5.3 所示。

（3）在使用项目符号进行排版时，如在预览框中没有符合要求的符号，可在 "项目符号和编号" 对话框中的 "项目符号" 选项卡上，单击 "自定义" 按钮，打开 "自定义项目符号列表"对话框，如图 3.5.4 所示，单击"字符"按钮，打开"符号"对话框，在该对话框中选择一种符合要求的符号，然后单击"确定"按钮，该符号将被导入符号列表中，并处于自动选中状态。

图 3.5.3 "项目符号"选项卡

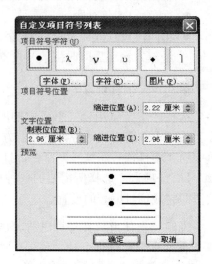

图 3.5.4 "自定义项目符号列表"对话框

第 5 步　分栏设置

我们在报纸、杂志上常常会看到文本沿行方向分为两个或两个以上的部分显示，这种版面通常是用分栏技术来实现的，这种版面布局的优点是结构清晰合理，宜于阅读。

选择"员工试用合同书"中的签字部分。单击"格式"菜单，选择"分栏"命令，打开"分栏"对话框，如图 3.5.5 所示。

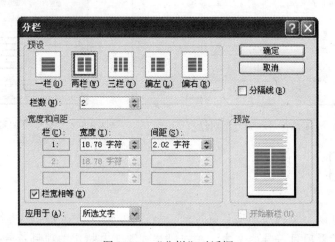

图 3.5.5 "分栏"对话框

在"预设"选项中选择两栏格式。在"应用于"下拉列表中指定分栏的范围为"所选文字"。单击"确定"按钮，完成分栏，分栏效果如图 3.5.6 所示。

甲方(签字):	乙方（签字）:
法定代表人:	签约日期:　年　月　日
签约日期:　年　月　日	签约地点:

图 3.5.6　分栏效果

必备知识

　　分栏符、分节符和分页符统称为分隔符。分栏、分节和分页功能是分别通过插入分栏符、分节符和分页符来实现的。分隔符既可以用菜单命令插入，也可以在进行"分栏"等格式操作时自动插入。在"插入"菜单上，单击"分隔符"命令，打开"分隔符"对话框，如图 3.5.7 所示，选择分隔符类型后，单击"确定"按钮，即可在当前光标处插入分隔符。

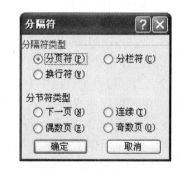

图 3.5.7　"分隔符"对话框

第 6 步　将"员工试用合同书"保存为模板

　　在 Word 中创建的任一空白新文档，都是以一个共同的 Normal 模板为基准的，模板是一种特殊的文档类型，它决定了文档的基本结构和文档设置、文本的字体，段落的基本格式、图像的插入方式以及格式和样式等。

　　将光标定位在"员工试用合同书"文档中。在"文件"菜单上，单击"另存为"命令。在"保存类型"后面的下拉列表框中选择"文档模板"（扩展名为.dot），此处文件名为"试用期合同模板.dot"，如图 3.5.8 所示。单击"确定"按钮，将此文档存为模板。

图 3.5.8　"另存为"对话框

　　完成以上六步后，其生成的"员工试用合同书"样文如下：

员工试用合同书

甲方：

乙方：

身份证号：

甲方聘用乙方为试用期员工，自　年　月　日至　年　月　日，试用期 0～3 个月，经双方友好协商，同意约定以下条款，以期共同遵守。

1. 乙方遵守甲方的各项管理规定及制度；

2. 乙方的职务或工种为：＿＿＿＿＿，试用期工资＿＿＿＿＿元整；

3. 乙方受聘于甲方期间，应根据甲方工作安排，履行职责；

4. 甲方按月支付乙方报酬；

5. 乙方在试用期内，依请假事因计算当月应发工资；

6. 乙方在试用期内，除应付工资外，适当享受本公司的其他福利待遇；

7. 乙方每月工资由甲方自上班之日起的次月第 30 日发放，若工资发放日恰逢周日或假日，甲方可提前或推后发放；

8. 乙方提出解除本合同时，须提前一周通知甲方，若未在一周内提出解除合同甲方可拒绝支付其试用期所有报酬；

9. 甲方如认为乙方工作成绩欠佳，在试用期打架斗殴，寻衅滋事，无故旷工可随时停止试用予以解雇并追究相关法律责任；

10. 乙方在工作区域及宿舍应遵守甲方管理规定，若出现在甲方工作区域及宿舍范围以外触犯国家法律和个人人身伤害及财产损失的情况，甲方不承担任何责任；

11. 乙方试用期满经过考核，合格者将在第四个月内与甲方签订正式聘用合同，不合格者，将延长试用期或予以解雇；

12. 乙方存在非法占有甲方财产或不服从管理造成设备损坏或其他损失，由乙方照价赔偿，甲方有权追究其经济责任；

13. 乙方声明乙方在签署本合同时，已获悉甲方的各项管理规章制度并愿意遵守各项事宜；

14. 乙方在试用期内有 3～7 日的观察期，若观察期内不合格，甲方有权辞退乙方并不支付乙方在观察期内的工资；

15. 本合同一式两份，甲乙双方各执一份，经双方签字后即时生效。

甲方（签字）：　　　　　　　　　　　　乙方（签字）：

法定代表人：　　　　　　　　　　　　　签约日期：　　年　月　日

签约日期：　　年　月　日　　　　　　　签约地点：

即时训练

通过本节的"员工试用合同书"模板，设计制作一份劳动合同书。

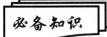

基于模板新建文档的操作方法

（1）在"文件"菜单上，单击"新建"命令，打开"新建文档"任务窗格。

（2）单击"本机上的模板..."选项，打开如图 3.5.9 所示的"模板"对话框，在该对话框中存在多个选项卡，并且每个选项卡中包含了多种模板。

（3）在"常用"选项卡上，选择"试用期合同模板"。

（4）单击"确定"按钮，利用该模板创建一个新文档。

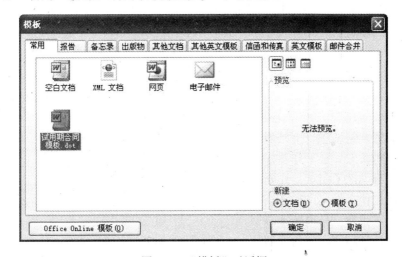

图 3.5.9　"模板"对话框

制定劳动合同的基本知识

合同是平等主体的自然人、法人，其他组织之间设立、变更、终止民事权利义务关系的协议。这里所说的自然人、法人、其他组织是合同的当事人，是能依法履行民事责任的社会组织或公民。由双方或数方各执一份，作为执行和检查的凭证，也称协议书或议定书。

合同一般包括以下几个部分。

● 标题。写在合同的第一行中间位置。一般有两种形式：一种是按合同法中关于合同的分类标明合同的性质，如购销合同、租赁合同等；另一种是由标的名称、交易方式和文种组成，如教学仪器购销合同等。

● 写明双方当事人的名称。名称第一次出现时要写全称，并在全称后加括号简化为"甲方"或"乙方"或"买方"与"卖方"。甲乙双方注明后，下文使用时不可混淆。

● 正文

（1）先简要写明签订合同的依据和目的。

（2）按双方的协议内容，写出合同的主要条款。

（3）合同的有效期限，合同的份数和保存方法。

（4）附件。

● 生效标志，即合同合法性和有效性的标志。在正文下方写明双方单位的全称及代表姓名并签名盖章，双方当事人注明地址、电话号码、邮政编码、图文传真号码，写明当事人开户银行的名称和账号。最后写上签订合同的日期。

3.6　方案设计——长文档的管理

任务 6：设计制作产品市场推介书

知识技能目标

◇ 页眉、页脚的设置。

◇ 样式的应用。

◇ 目录的创建。

📖 任务引入

学生：老师，告诉您一个好消息，我接到面试通知了。

老师：是吗，太好了，你要好好准备一下呀！

学生：是呀，除了面试，还要进行专业考核呢！

老师：通过什么形式进行考核呀？

学生：要求我做一份市场推介书。

老师：可是你对他们公司的产品一点儿也不了解，如何进行呢？

学生：公司已将产品相关信息随面试通知一起邮寄给我了，主要是让我组织整理这些资料，最后形成电子文档。

老师：这可是你的长项呀，没什么大问题吧？

学生：可是我以前接触的都是一些简单文档的处理，第一次处理这种长文档，还真有一些紧张呢！

老师：不用紧张，我相信你能行。

学生：好的，我会尽力的。

设计制作产品市场推介书。

⌒ 任务分析

前面学生通过努力，学习了如何写自荐信，如何设计制作劳动合同书，在处理这些简短的文档时，应用一般的字体和段落格式设置就可以解决了。但如果对于一篇长文档来说，可能会出现许多重复性操作，这就需要一些排版的技巧。样式是 Word 提供的一个非常实用的功能，它可以轻松解决上述问题。所谓样式，就是具有名称的一系列排版指令的集合，用户可以通过使用 Word 内置样式（或自定义个性化样式）来快速完成长文档的格式化排版，它可以帮助用户确定格式编排的一致性。另外，为了增强长文档的可读性，我们还经常为其设置页眉、页脚，插入页码，甚至创建目录等一系列的操作。

学生为本任务设计了如下制作思路：

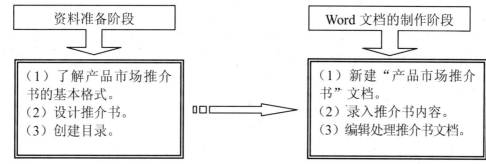

任务实施

第 1 步　新建"产品市场推介书"文档

第 2 步　录入产品市场推介书内容

第 3 步　字符、段落设置

● 全部文字采用宋体，小四号；
● 行距：1.5 倍行距；
● 全部段落采用首行缩进 2 字符。

第 4 步　编号设置

三级标题的序号层次依次为："一、"、"（一）"、"1."来表示，第四级用"（1）"来表示。

第 5 步　插入空白页

在正文之前插入两张空白页，第一页用于设计封面，第二页用于放置目录。

将光标定位于文档开始处。

单击"插入"菜单，选择"分隔符"命令，打开"分隔符"对话框，如图 3.6.1 所示。单击选择"分节符类型"中的"下一页"。

用上述方法在空白页之前再插入一空白页。

说明：单击常用工具栏上的"　"按钮，即可看见插入的分节符，如图 3.6.2 所示。

　　　　　　　　　　　　　　　　　========分节符(下一页)========

图 3.6.1　"分隔符"对话框　　　　　　　图 3.6.2　插入的分节符

第 6 步　应用样式

单击"格式"菜单，选择"样式和格式"命令（或在"格式"工具栏上单击 "⊞"按钮），弹出"样式和格式"任务窗格，如图 3.6.3 所示。

选择第一段文字"一、项目概述"，单击"样式和格式"任务窗格下的"标题"样式名称，或者在"格式"工具栏上单击"正文"按钮，选择下拉列表框中的"标题"样式，这里我们将"一、"级别的标题设置为"标题 1"样式。

同理，将全文中"（一）"级别的标题设置为"标题 2"样式；将全文中"1."级别的标题设置为"标题 3"样式。

第 7 步　修改样式

如果应用 Word 内置样式格式化文本时感觉不是很满意，我们随时可以对现有的样式进行修改，以形成自己个性化的排版风格。

选择"样式和格式"任务窗格下的"标题 1"样式。右击"标题 1"样式，在快捷菜单上单击"修改"命令。打开"修改样式"对话框，如图 3.6.4 所示，将"标题 1"格式进行设置：字体为黑体；字号为三号，行距为 1.5 倍；段前、后均为 0 行。

图 3.6.3　"样式和格式"任务窗格

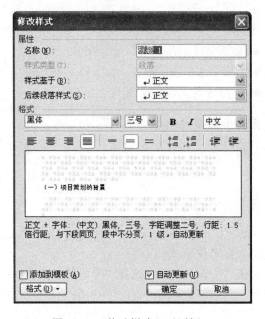

图 3.6.4　"修改样式"对话框

样式修改完成后，返回修改样式对话框，选中"自动更新"选项，则应用该样式的文本将随样式的修改而自动更新。

同理，将"标题 2"字号设置为小三号，将"标题 3"字号设置为四号，其他设置与"标题 1"相同。

第 8 步　创建目录

在 Word 2003 中，文档目录的创建是基于标题样式使用基础上的。也就是说，先为文档的各级标题指定恰当的标题样式，然后 Word 将根据用户的需求去识别相应的标题样式，从而完成目录的制作。

　　将光标定位于第二张空白页的开始处。在第一行处输入"目录"两字。将光标定位于"目录"两字下一行。单击"插入"菜单，选择"引用"→"索引和目录"命令，打开"索引和目录"对话框，如图 3.6.5 所示。

　　在"目录"选项卡的"制表符前导符"下拉列表框中选择一种需要的选项，设置目录内容与页号之间的连接符号格式，这里默认的格式为点线。

　　在"目录"选项卡的"格式"下拉列表框中选择 Word 预设置的若干种目录格式，通过预览区可以查看相关格式的生成效果，这里选择"来自模板"。

　　单击"显示级别"数值框的按钮，可以设置生成目录的标题级数，Word 默认使用三级标题生成目录，如图 3.6.6 所示。

　　完成与目录格式相关的选项设置之后，单击"确定"按钮，Word 可自动生成目录。

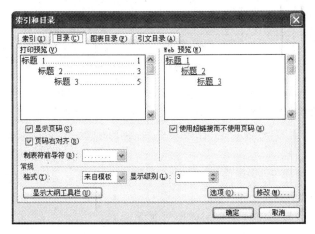
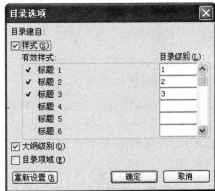

图 3.6.5　"索引和目录"对话框　　　　　　图 3.6.6　"目录选项"对话框

必备知识

1. 格式化目录

　　目录生成后，我们可以根据整篇文档的风格对目录进行格式化。具体操作方法如下：

　　（1）打开"索引和目录"对话框，在"目录"选项卡上，单击"修改"按钮（如果该按钮是灰色的，则选择"格式"文本框下的"来自模板"选项）打开"样式"对话框，如图3.6.7 所示。

　　（2）如果对目录中一级标题文字进行修改，则选中样式列表框中的"目录 1"，然后单击"修改"按钮，如图 3.6.8 所示，打开"修改样式"对话框。

　　（3）单击"修改样式"对话框中的"格式"按钮，即可对"标题 1"的目录样式进行修改。

　　（4）单击"确定"按钮后，弹出"是否替换所选目录？"的询问信息框，如图 3.6.9 所示，单击"确定"按钮即可。

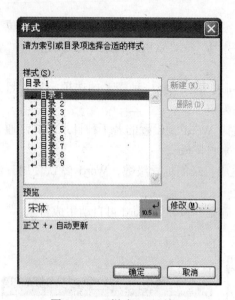
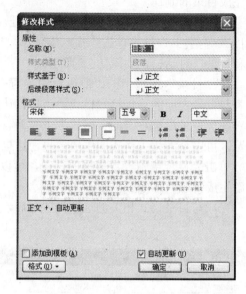

图3.6.7　"样式"对话框　　　　　　　图3.6.8　"修改样式"对话框

2. 目录的更新

如果当目录制作完成后又对文档进行了修改，文档中的标题或标题所在的页码位置有所变动，插入的目录是不会随之而变动的，这时可使用更新目录功能将目录更新。

（1）将鼠标移至目录区域右击，在弹出的菜单中选择"更新域"命令，打开一个"更新目录"询问信息框，如图3.6.10所示。

（2）选择"更新整个目录"单选框，单击"确定"按钮即可更新目录。

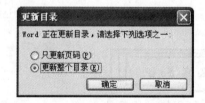

图3.6.9　"是否替换所选目录？"询问信息框　　　　图3.6.10　"更新目录"询问信息框

第9步　设计封面

将光标定位在第一张空白页中。插入竖排艺术字，"百龄牙膏"、"市场推介书"，根据需要对艺术字进行格式化。插入"百龄牙膏"图片，将图片进行旋转，设置图片的颜色效果为"冲蚀"，如图3.6.11所示。插入文本框，录入文字"台湾百龄日用品公司"。将所有图形对象合并为一个对象。

选择"格式"菜单中的"边框和底纹"命令，打开如图3.6.12所示"边框和底纹"对话框。单击"页面边框"选项卡，在"艺术型"下拉列表框中选择一种页面边框，在"应用于"中选择"本节"。

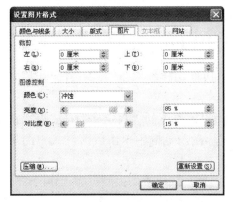

图 3.6.11　"设置图片格式"对话框

图 3.6.12　"边框和底纹"对话框

第 10 步　插入页眉、页脚

页眉和页脚是文档中每个页面页边距的顶部和底部区域。一般来说，我们可以在页眉、页脚位置插入页码、日期、标题等文本或图形。

将光标定位于正文第一页中。单击"文件"菜单，选择"页面设置"，打开"页面设置"对话框。单击"版式"选项卡，如图 3.6.13 所示，选中"奇偶页不同"复选框，在"应用于"中选择"本节"，单击"确定"按钮。

单击"视图"菜单，选择"页眉和页脚"命令，此时 Word 将自动在当前页面的页眉区域（虚线框中的区域即为页眉位置）添加一条横线，并将光标定位在页眉的中间位置。同时弹出如图 3.6.14 所示的"页眉和页脚"工具栏。

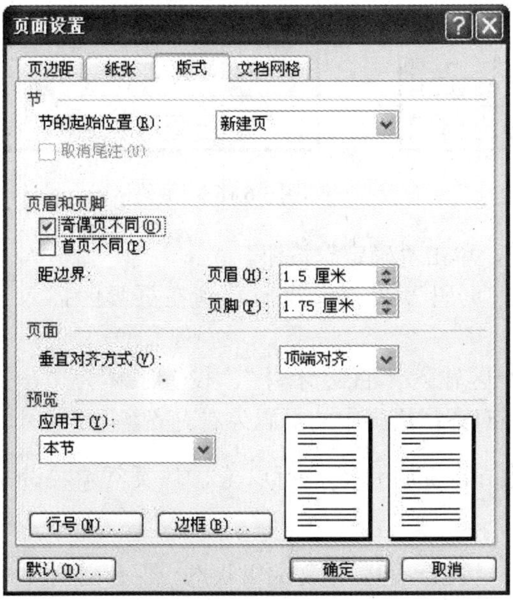

图 3.6.13　"版式"选项卡

图 3.6.14　"页眉和页脚"工具栏

单击"页眉和页脚"工具栏上的"链接到前一个"按钮，断开与前面节的链接，也就是说，下面的操作只在第 3 节中起作用。

在光标处输入"市场推广文案"，设置字体为华文行楷，字号五号字，字体颜色为"深绿"，右对齐。

选择页眉所在的段落，选择"格式"菜单中的"边框和底纹"命令，打开"边框和底纹"对话框。

单击"边框"选项卡，如图 3.6.15 所示，单击"设置"下的"自定义"样式框，选择"三条线"线型，颜色为"深黄"，宽度为"1/2 磅"，在预览框中单击段落样式中的下画线，单击"确定"按钮即可。

单击"页眉和页脚"工具栏上的"在页眉页脚中切换"按钮，切换到页脚工作区。

同理要单击"页眉和页脚"工具栏上的"链接到前一个"按钮，断开与前面节的链接。

单击"页眉和页脚"工具栏上的"设置页码格式"按钮，弹出"页码格式"对话框，如图 3.6.16 所示。

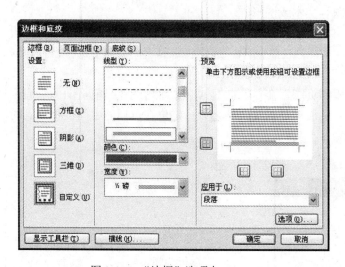

图 3.6.15 "边框"选项卡　　　　　图 3.6.16 "页码格式"对话框

设置"页码编排"中的"起始页码"为 1，单击"确定"按钮。

单击"页眉和页脚"工具栏上的"插入页码"按钮，我们看到在页脚区插入了页码。

同理设置另外一组的页眉、页脚，页眉区输入"百龄牙膏"，设置字体为"华文琥珀"，字号为五号字，字体颜色为"深绿"，左对齐；页脚中的页码为右对齐。

说明：由于设置了"奇偶页不同"的页眉、页脚格式，所以奇、偶页眉要分别进行设置。

单击"页眉和页脚"工具栏上的"关闭"按钮，回到正文编辑状态。保存文档。

"产品市场推介书"样文如下：

百龄牙膏

市场推介书

台湾百龄日用品公司

目录

市场推广文案

一、项目概述

（一）项目策划的背景

百龄是台湾的名牌牙膏，在台湾有相当的知名度，产品已进入成熟期，但是在大陆市场则完全是一种新产品。

（二）项目概念与独特优势

百龄的独特之处是味感咸，因为它的配方中含有"盐"的成分。我国古代医学认为"盐"具有杀菌清毒作用。在配方中加入"盐"的成分，使百龄成为洁齿护齿佳品，但又有别于国内市场上的各种香型和药物牙膏。

百龄系台湾中高档牙膏产品，采用铝塑包装，清洁、美观、保湿性强，代表高品质的牙膏。

（三）项目成功的关键要素

百龄牙膏要在中国大陆上推广成功，其关键的问题是：

1．强化口感的独特性，并努力为消费者所认可；

2．引导一种新型的牙齿保健观念，提升产品的附加值；

3．销售网络是否有足够的辐射力。

（四）项目成功的保证条件

百龄作为一家老字号的企业，它关心大众健康，对牙齿保健已有十几年的经验。这些对国内消费者无疑具有较强的诱惑力。

随着中国人均消费水平的提高，以及国内牙膏市场竞争的加剧，国内牙膏厂也纷纷进行技术改造，开拓新产品，增进国产牙膏的更新换代。在这种情况下，百龄牙膏首选北京市场为进军大陆的突破点，确定了百龄是促进社交生活的高品质牙膏的观念，以"轻松自信、让牙齿更亮丽"作为推广口号，展开全面的市场推广策划。

（五）项目实施目标

百龄对大陆市场完全陌生，因此首先就要增强它的知名度。作为一种新产品发售，先在北京市场上取得经验，然后再推广至全国。

1．近期目标：投入北京市场，获得80%认识率（3～5个月）。

百龄牙膏

2. 中期目标：取得北京市场 20% 以上的份额，并逐步向东部大中城市推广 (1～2 年)。

3. 长期目标：取得全国市场 20% 以上的份额。

二、市场分析

(一) 市场环境分析

1. 综合环境分析

中国是牙膏生产和消费的大国，1999 年全国牙膏总产量达 28 亿多支，人均消费量 2.33 支，是世界上最庞大的牙膏市场。随着人民物质文化生活水平的提高，人们将越来越重视牙齿健康和个人清洁卫生。因此牙膏的市场容量还将继续扩大。

虽然，目前牙膏市场竞争激烈，但是仍然存在着相当巨大的潜在市场。现在中国人均牙膏年消费量为 2.33 支，200 克左右，北京市为 3.03 支，但都与发达国家人均 500 克的消费水平相距甚远。其原因主要是刷牙率不高。中国政府提出刷牙率在 2000 年达到城市 85%，农村 50% 的目标，说明现有的刷牙率比这个目标还低得多，所以这其中有一个很大的潜在市场。另一方面，北京市有 24.4% 的人每天只刷一次牙，其刷牙的频率还有待提高。

从 1991 年开始，中国政府规定每年 9 月 1 日为"全国刷牙日"，倡导普及刷牙和增进牙齿卫生。并在中小学生中推广普及刷牙教育，特别是提倡儿童从 3 岁起开始刷牙，这必然会增加牙膏的需求量。特别是它立足于未来，对未来的市场结构有很大影响。所以中国牙膏的潜在市场是广泛而全面的，即使按政府的保守估计以每年 7% 的速度增长，也将会形成一个巨大的市场。

2. 竞争环境分析

(1) 国内主要牙膏品牌的市场占有率

品牌	产地	类型	价格(元)	包装	占有率(%)
中华	上海	香型	0.90/63g 2.10/128g	铝管	11.4
黑妹	广州	香型	1.00/63g 3.00/150g	铝管	8.9

市场推广文案

续表

品牌	产地	类型	价格(元)	包装	占有率(%)
蓝天	北京	香型	0.75/63g	铝管	8.7
两面针	柳州	药物	0.90/63g	铝管	8.5
洁银	广州	药物	1.10/63g	铝管	8.3
小白兔	杭州	儿童	0.86/63g	铝管	5.4
高露洁	美国	香型	8.40/120g	铝管	1.9

目前，中国一共有二十几个品牌的牙膏，主要有中华、蓝天、黑妹、洁银、两面针、冷酸灵、白玉、美加净、狮王、一见喜、小白兔等。另外，市场上还有少量进口牙膏，如黑人、高露洁等。上海是我国最大也是历史最悠久的牙膏生产基地，上海产中华、白玉等老牌号产品已经拥有了相当巨大而稳定的消费者，但是，近年来广州、柳州、杭州、青岛等城市的牙膏业异军突起，奋起直追，开创了自己的名牌，形成同上海牙膏共享市场的局面。

（2）牙膏品类的划分

随着中国人均消费水平的提高以及牙膏市场竞争的加剧，中国的牙膏越来越走向专门化、细分化。牙膏生产已初步形成格局，可大致划分为以下三大块：

第一类是各种洁齿爽口型的香型牙膏(如中华、黑妹等)；

第二类是与防治牙病相结合的各类药物牙膏，特别是发挥古代医学知识的各类中药牙膏。由于牙病在我国的普遍性，人们对药物牙膏的心理接受力越来越强。这类牙膏主要有两面针、上海防酸等。

第三类是专供儿童使用的牙膏，如小白兔儿童牙膏等。

（3）竞争状况

由于市场竞争机制的引入，牙膏市场的竞争也愈演愈烈。目前，国内的牙膏市场已基本被分割完毕。1999 年北京销售量前六位的牙膏品牌分别是中华、蓝天、洁银、黑妹、两面针、小白兔，占北京市牙膏销售量的 44.1%。其中三种类型的牙膏分布均匀，中华、黑妹是香型牙膏，洁银、两面针是药物牙膏，小白兔是儿童牙膏。这些品牌成为消费者心目中的名牌，它们之间争夺市场的竞争激烈，增加了其他品牌进入北京市场的难度。

此外，国内出现了合资牙膏，如福州一见喜、青岛狮王，它们生产中、高档牙膏，工艺先进、包装精美，虽然它们还未被普遍接受，但是由于其高品质而拥有一定层次的消费者，具有相当的竞争优势。

百龄牙膏

另外，国外的名牌牙膏，如黑人、高露洁、Crest 佳齿等也纷纷看好中国市场。除直接吸引一些高消费阶层外，还寻求合作途径，如佳齿就与广州某牙膏公司签订了合作意向书，这就更加剧了牙膏市场的竞争。

为适应形势，国内牙膏厂也纷纷开拓新产品，进行技术改造，增进国产牙膏的更新换代。黑妹牙膏推出浓香型；中华牙膏加强产品系列化，采用最新配方，推出 89 型中华牙膏、89 型中华透明牙膏、89 型中华儿童彩条牙膏、89 型白玉牙膏，增强了产品竞争力。但从总体来看，国产牙膏普遍需要更新换代。

竞争还促使国产牙膏进一步细分化，出现了具有各种特殊疗效的牙膏，如男子汉牙膏可用于去烟渍等。

1999 年中华、两面针、黑妹等名牌牙膏再次发动广告攻势，冷酸灵虽为新兴品牌，但是广告攻势很猛，以更确切的市场定位进行诉求，以求保住自己的市场份额。

（4）竞争者划定

作为一种新产品，百龄上市很可能触及所有品牌牙膏的利益。其咸口味可能与各种香型牙膏进行竞争，而其护齿作用可能夺取部分药物牙膏的市场。但是，其主要的竞争者将是各种洁齿爽口的香型牙膏。

市场上存在的香型种类有:香蕉菠萝香型、柑桔型、浓香型、薄荷香、加浓薄荷型。

主要竞争者的市场定位及广告诉求点：

中华：定位为温馨家庭使用的牙膏。CF 采取感情诉求，突出家庭生活之温馨、和谐；

黑妹：定位为城市青年使用的牙膏。诉求点是美与城市生活(CF)；

两面针：定位对牙齿疾病有特效的牙膏，理性诉求；

洁银：定位为家庭使用的洁齿护齿牙膏。感情诉求点广告词是"新的一天，从洁银开始。"

（5）竞争战略地位

综合以上分析，我们建议，百应龄采取市场补缺者的战略定位。其具体做法是：强化百龄含"盐"消毒的差异性，用差异化战略抢占市场份额。

3. 百龄的问题点与机会点

······

即时训练

设计制作一份新款手机产品的市场推介书。

必备知识

产品市场推介书一般从以下几点进行说明：

1. 市场状况

- 我们的产品或服务是什么（产品现货、系列服务）。
- 行业市场规模有多大？
- 销售及分销渠道情况是怎样的？
- 你将销往哪些地理区域？
- 根据人口、收入水平等方面来描述目标客户的情况。
- 市场中有什么样的竞争对手？
- 从历史上讲，产品卖得如何？

2. 威胁与机遇

- 哪些市场趋势是不利因素？
- 是否存在一些不利的趋势抬头？
- 我们的产品正在走向成功吗？
- 哪些市场趋势对公司有利？
- 是否有一些对公司有利的趋势抬头？
- 市场中的人气对公司有利还是不利？

3. 市场目标

需要勾勒企业的未来。通过这份计划我们要实现什么样的市场目标。每一个市场目标都是对我们所要达到目的的描述，同时还包含一些具体的任务。对具体的目标进行量化。参照过去的销售数字，几年来在各个市场的增长数字，有代表性的新客户的规模以及新产品推广情况等。

4. 市场渗透计划

- **市场研究**：市场潜在需求量，消费者分布及消费者特性研究。
- **产品研究**：产品设计、开发及试验；消费者对产品形状、包装、品味等喜好研究；对现有产品改良的建议，与竞争产品的比较分析。
- **销售研究**：公司总体行销活动研究、设计及改进。
- **消费购买行为研究**：消费者购买动机、购买行为决策过程及购买行为特性研究。
- **广告及促销研究**：测验及评估商品广告及其他各种促销的效果，寻求最佳促销手法，以促进消费者有效购买行为。
- **行销环境研究**：依据人口、经济、社会、政治及科技等因素变化及未来变化走势，研究对市场结构及企业行销策略的影响。
- **销售预测**：研究大环境演变、竞争情况及企业相对竞争优势，对市场销售量进行长期与短期预测，以为企业拟定长期经营计划及短期经营计划之用。

5. 预算

市场推广计划要有预算部分，说明对各种计划的事情所做的预算。对于投入成本的估计要尽量客观。

6. 控制：效果跟踪

为了跟踪市场推广计划的实施情况，要进行定期的例会，研究怎样在中途对市场计划进行调整。因此要求我们必须具备跟踪销售及开支情况并做出必要调整的能力。

7. 摘要

在市场计划的开始做一个摘要，用不到一页的篇幅将市场推广计划进行总结（应包括具体财务数字）。

 本章小结

本章主要通过 6 个任务，认识了 Word 2003 的工作环境，了解了 Word 2003 提供的各种功能，使读者能够方便快捷地应对文稿书写、简历制作、图形处理等工作，使其成为我们工作、学习、生活中的得力助手。

第 4 章 数据管家——电子表格处理软件应用

4.1 电子账簿——Excel 的基本操作

任务 1: 成绩汇总表的创建与美化

 知识技能目标

◇ 工作簿的创建。

◇ 数据的录入与编辑。

◇ 工作表的格式化、管理及打印。

 任务引入

学生：老师，期末的试卷已经批阅完成了吗？

老师：完成了，你的成绩非常理想。

学生：谢谢老师，我对专业课都很感兴趣。

老师：那太好了，现在教务科要求各班成绩要用微机管理，你能解决这个问题吗？

学生：听说电子表格功能强大，可以实现这方面的工作，让我来试一试吧。

老师：好吧，我相信你有这个能力。

学生：我会尽力完成的。

> 学会创建工作簿，将班级成绩录入到电子表格，并对成绩单进行格式化处理，最后打印输出。

任务分析

接到任务以后，学生去图书馆借了一本电子表格方面的教材，安装了软件后开始进行学习，由于该软件较简单，很快就入门了，为了系统地完成成绩汇总表的制作，学生设计了如下制作思路：

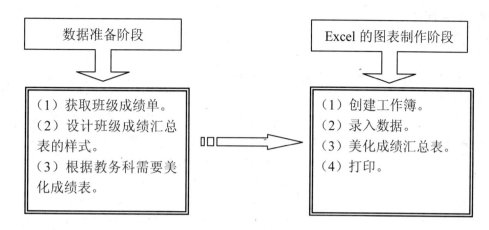

♌ **任务实施**

第 1 步　认识电子表格

单击"开始"按钮，弹出开始菜单。

选择"程序"→"Microsoft Office"→"Microsoft Office Excel 2003"，即可进入 Excel 2003 界面，并自动创建一张空白工作表，如图 4.1.1 所示。

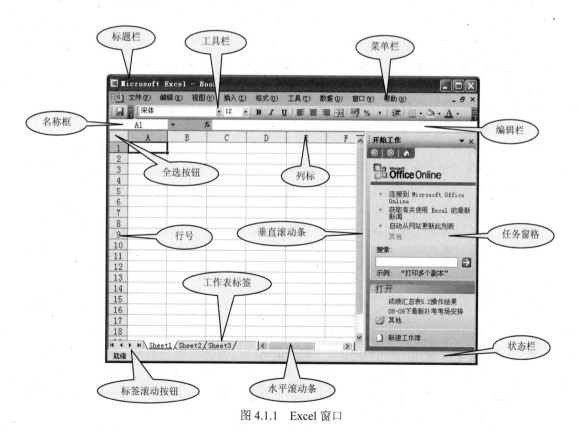

图 4.1.1　Excel 窗口

必备知识

　　Excel 窗口由标题栏、菜单栏、工具栏、名称框和编辑栏、状态栏、任务窗格和工作区组成，下面简单介绍如下。

- 标题栏：位于 Excel 窗口顶部，显示当前程序名和当前工作簿名称。启动 Excel 后，打开第一个空白工作簿的缺省名为"Book1"，扩展名系统默认为".xls"。
- 菜单栏：位于标题栏下方，列出 Excel 菜单名称，默认情况下 Excel 显示 9 个内置菜单。
- 工具栏：工具栏是工具按钮的组合，提供了一些常用的菜单命令快捷方式，如字体、对齐等。通常，第一次启动 Excel 时只显示"常用"和"格式"两种工具栏。
- 名称框：编辑栏的左边是名称框，显示了当前单元格地址、名字、范围及对象。
- 编辑栏：编辑栏位于工具栏的下方，主要用于输入和修改工作表数据。在编辑栏中单击准备输入时，名称框和编辑栏中间会出现 3 个按钮：左边的"×"是"取消"按钮，它的作用是恢复到单元格输入以前的状态；中间的"√"是"输入"按钮，就是确定编辑栏中的内容为当前选定单元格的内容；右边"fx"是"编辑公式"按钮，单击该按钮表示要在单元格中输入公式。
- 状态栏：位于窗口最下方。Excel 的状态栏左边是消息区，如果 Excel 准备好后，消息区显示"就绪"字样，如果是正在编辑单元格或输入数据，就会相应的显示"编辑"或"就绪"字样；中间是自动计算显示框，可以自动快速显示对选定区域的汇总结果；右边是键盘状态显示区，显示"Caps Lock"键和"Num Lock"键的状态（开/关），可以显示"大写"、"数字"、"改写"等字样。
- 任务窗格：任务窗格位于 Excel 窗口的右边，显示常用的操作选项，如打开文件、创建空白工作簿等。
- 工作区：在编辑栏和状态栏之间的区域就是 Excel 工作区，它主要由行号、列标、全选按钮、网格线、工作表标签和标签滚动按钮等组成，用来输入、编辑各种表格。
- 行号：全选按钮下方的 1、2、3…65 536 是行号，单击行号标志可以选中相应的行。
- 列标：全选按钮右侧的 A、B、C…IV 是列标，单击列标可以选中相应的列。
- 全选按钮：名称框下面灰色的小方块为全选按钮，单击它，可以选定工作表中所有的单元格。
- 网格线：Excel 为方便输入、编辑而预设了网格线，在打印和打印预览时是不可见的。在"工具"菜单上，单击"选项"命令，在"视图"选项卡上清除"选项窗口"中的"网格线"复选框，可取消网格线，在该选项卡中也可更改网格线的颜色。
- 工作表标签：通常把一个 Excel 文档叫做一个工作簿。在一个工作簿中可以包含多张工作表。每一张工作表都有一个名称，以工作表标签的形式显示，如 Sheet1、Sheet2 等。它在工作簿窗口左侧底部，底色为白色，工作表名下有下画线的工作表是当前活动的工作表。
- 标签滚动按钮：如果一个工作簿包含工作表的数目比较多，在标签显示区域中将不能显示全部工作表标签，此时可单击标签滚动按钮，滚动显示工作表标签。

第 2 步　编辑工作簿

一个 Excel 文件就是一个工作簿，扩展名为 ".xls"，每一个工作簿都可以包含多张工作表，新建工作簿最多能包含 255 张工作表。新建文档中包含 3 张工作表。用户可在"工具"菜单上，单击"选项"命令，在"常规"选项卡上，更改设定新建工作簿中所包含工作表的数量。

（1）新建工作簿。

方法一：启动 Excel 2003 后，可以自动新建一个空白的 Excel 2003 工作簿（工作簿默认的文件扩展名为.xls）。

方法二：单击"文件"菜单，选择"新建"命令。

方法三：单击常用工具栏上的"新建"按钮。

（2）保存工作簿。

方法一：单击"文件"菜单，选择"保存"命令，将默认的工作簿名称"Book1"更改为"成绩汇总表 4.1"。

方法二：单击"文件"菜单，选择"另存为"命令，对现有文件以另一个名字保存。

方法三：单击常用工具栏上的"保存"快捷按钮。

（3）打开工作簿。

方法一：单击"文件"菜单，选择"打开"命令，在弹出的对话框中选择要打开的文件所在的位置，单击该文件名称。

方法二：单击"开始"菜单，选择"文档"命令，在弹出的菜单中选择要打开的工作簿，单击该工作簿。

方法三：单击"文件"菜单，从菜单最下方的"最近打开文件"中选择要打开的工作簿。

第 3 步　编辑工作表

工作表是 Excel 中用来存储和处理数据的主要文档，一张工作表由 65 536×256 个单元格构成。工作表可以插入、删除、复制、移动、重命名。一旦删除工作表，就不能撤销。

（1）重命名工作表，将 Sheet1 重命名为"成绩单"。

方法一：双击要重命名的工作表标签，输入新的工作表名称，按"Enter"键。

方法二：用鼠标右键单击要重命名的工作表标签，在弹出的菜单中选择"重命名"命令，输入新的工作表名称，按"Enter"键。

（2）插入工作表。

选择要插入新工作表的位置，单击"插入"菜单，选择"工作表"命令，此时新工作表将会插入到当前工作表的前面。

（3）复制工作表。

按"Ctrl"键，同时单击要复制的工作表标签，按住鼠标左键不放，移动鼠标至合适位置后释放鼠标。

（4）删除工作表。

单击要删除的工作表标签，单击"编辑"菜单，选择"删除工作表"命令。

（5）移动工作表。

单击要移动的工作表标签，按住鼠标左键不放，移动鼠标至合适位置后释放鼠标。

第4步　录入数据

在"成绩单"工作表中，将"2007 级计算机应用技术专业 2008—2009 学年第一学期期末成绩汇总表"中的数据录入完成。标题在 A1 单元格中录入，表头从 A3 单元格中开始录入。

必备知识

1. 认识单元格

单元格就是工作表中的一个小方格，是 Excel 文件存储数据的最小单位，它是接受用户输入信息及进行各种操作的地方。其中可存放的数据信息多达 32 000 个字符。当前被选中或正在编辑的单元格称为活动单元格，任何时候都有且只有一个活动单元格。

每个单元格都存在一个唯一的地址，即单元格地址，它以"列字母+行数字"表示，比如 A5 表示 A 列第五行单元格。

多个连续单元格被称为单元格区域。当我们需要同时对多个单元格进行操作时，就要使用单元格区域。单元格区域的选取有两种方法：一种是按"Shift+鼠标左键"，选取连续的单元格；另一种是按"Ctrl+鼠标左键"，选取不连续的单元格。

2. 常用数据的录入方法

在 Excel 工作表中，向单元格输入数据有下面几种方法。

方法一：单击要输入数据的单元格，然后直接输入数据。

方法二：双击单元格，单元格内出现插入光标。可以移动光标到适当位置后，再开始输入，这种方法通常用于对单元格内容进行修改。

方法三：单击单元格，然后单击编辑栏，可以在编辑栏中编辑或添加单元格中的内容。

当用户向活动单元格里输入一个值或一个公式时，输入内容会出现在编辑栏里。即使输入的内容超出了单元格的宽度，单元格中所有的内容也会被显示出来。

（1）输入文本：文本会同时出现在活动单元格和编辑栏中，按"Backspace"键可以删除光标左边的字符。按"Enter"键可以选中当前单元格相邻下方的单元格。按"Tab"键可以选中当前单元格相邻右侧的单元格。

如果要在单元格中分行，必须使用硬回车，即使用"Alt+Enter"组合键。

（2）输入数字：和输入文本一样，只需选中单元格，然后输入数字即可。

（3）输入日期：用户可以用斜杠"/"或短线"－"等多种格式来分隔日期中的年、月、日部分。

注意：在默认情况下，如果输入用两位数字表示的年份时，会出现两种情况：一种是当输入的年份为 00～29 之间的数值时，Excel 会自动在前面加上"20"，如本例中输入"08－1－1"，则显示为"2008－1－1"；另一种是当输入的年份为 30～99 之间的数值时，Excel 会自动在前面加上"19"，如输入"40－1－1"，则显示为"1940－1－1"。所以为了避免出错，在输入日期时不要输入两位数字的年份，应该输入 4 位数字的年份。

（4）输入时间：如果按 12 小时制输入时间，在时间后输入一个空格，然后输入 AM 或

PM，用来表示上午或下午；如果按 24 小时制输入时间，直接输入时间即可。

第 5 步　美化工作表

1. 合并单元格

（1）选定要合并的单元格区域 A1：L1。

（2）单击"格式"菜单，选择"单元格"命令，打开"单元格格式"对话框。

（3）单击"对齐"标签，打开"对齐"选项卡。

（4）在"文本控制"选项中，选中"合并单元格"复选框。

说明： 如果要取消合并的单元格，先选定已合并的单元格，然后在"文本控制"选项中，把"合并单元格"复选框的"对勾"去掉即可。

适当调整行高或列宽。

（1）选定要调整行高（列宽）的行（列）。

（2）将鼠标移到行号的下面分隔线处，当鼠标指针变成双向箭头时，按下鼠标左键拖动，可以调整选定行的高度（或列的宽度）。

必备知识

操作过程中，还可根据需要进行如下操作。

（1）插入行和列

单击工作表边界的行号（列标），选择一整行（一整列），单击鼠标右键，从弹出的快捷菜单中选择"插入"命令。

（2）删除行和列

单击工作表边界的行号（列标），选择一整行或多行（一整列或多列），单击鼠标右键，从弹出的菜单中选择"删除"命令。

（3）隐藏行（列）

选择要隐藏的行（列），单击"格式"菜单，选择"行"（"列"）命令，再选择"隐藏"命令，此时行内容将被隐藏。

注意： 被隐藏的行（列）就是行高（列宽）为 0 的行（列）。当用方向键移动单元格时，隐藏的行（列）将被跳过，不会将数据显示出来。

（4）取消隐藏行（列）

选择与隐藏行（列）相邻的行（列），单击"格式"菜单，选择"行"（"列"）命令，再选择"取消隐藏"命令，则可将隐藏的行（列）显示出来。

2. 设置字体、字号、字形

选定要设置格式的单元格，单击"格式"菜单，选择"单元格"命令，打开"单元格格式"对话框。单击"字体"标签，打开"字体"选项卡，如图 4.1.2 所示。对文本进行字体、字号、字形、颜色、特殊效果等设置。这里将"成绩单"工作表中的标题字体设置为"华文仿宋"、字号为"20"、"加粗"；表头的字形设置为"加粗"，其他字体一律默认为"宋体"、字号为"12"。

3．设置表中的数字为小数点后一位

选定要设置格式的单元格，单击"格式"菜单，选择"单元格"命令，打开"单元格格式"对话框。单击"数字"标签，打开"数字"选项卡，如图 4.1.3 所示。即可对数字进行分类、小数位数等设置。

图 4.1.2　"字体"选项卡　　　　　　　图 4.1.3　"数字"选项卡

4．设置工作表的边框

选定数据区域 A3：L63，单击"格式"菜单，选择"单元格"命令，打开"单元格格式"对话框。单击"边框"标签，打开"边框"选项卡，如图 4.1.4 所示。在"样式"区设置线条样式；在"预置"区设置为"外边框"和"内部"；单击"颜色"下拉列表框右边的下三角按钮，可以在打开的调色板中设置边框线条的颜色。

5．设置工作表的背景

选定数据区域 A3：L3，单击"格式"菜单，选择"单元格"命令，打开"单元格格式"对话框。单击"图案"标签，打开"图案"选项卡，如图 4.1.5 所示。设置所需的颜色和图案即可。

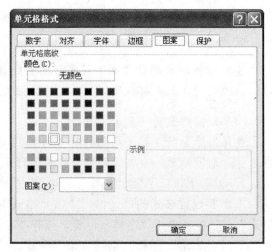

图 4.1.4　"边框"选项卡　　　　　　　图 4.1.5　"图案"选项卡

第 6 步　打印工作表

将"成绩单"中的全部内容复制到 Sheet2 工作表中，并将 Sheet2 重命名为"打印表"。单击"文件"菜单，选择"页面设置"命令，打开"页面设置"对话框，如图 4.1.6 所示。

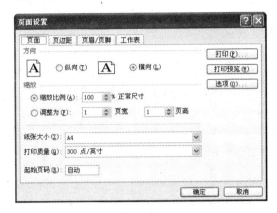

图 4.1.6　"页面设置"对话框

● 页面

可以设置页面方向、缩放比例、纸张大小、打印质量等选项。这里我们设置页面方向为"横向"。

● 页边距

可以设置页边距、居中方式等选项。这里我们将"居中方式"中的复选框全部选中，其他选择默认的设置，如图 4.1.7 所示。

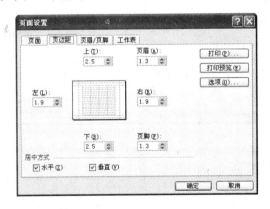

图 4.1.7　"页面设置"对话框

● 页眉/页脚

可以设置每页重复显示的信息，例如，在"页眉/页脚"选项卡中单击"自定义页脚"按钮，弹出"自定义页脚"对话框。这里我们将页脚位置选择为"中"，内容为"第&[页码]页、共&[总页数]页"，如图 4.1.8 所示。

● 工作表

可以设置打印区域、打印标题、打印顺序等选项。这里我们将"$1：$3"设置为"顶端标题行"，如图 4.1.9 所示。

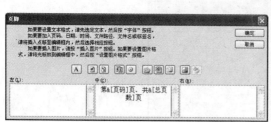

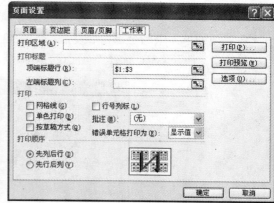

图 4.1.8 "自定义页脚"对话框　　　　图 4.1.9 "工作表"选项卡

单击"文件"菜单，选择"打印预览"命令，即可进入打印预览窗口。

将表格修改完善后，单击"文件"菜单，选择"打印"命令。在弹出如图 4.1.10 所示的"打印内容"对话框中单击"名称"下拉列表框，选择与安装的打印机相符的机器型号。

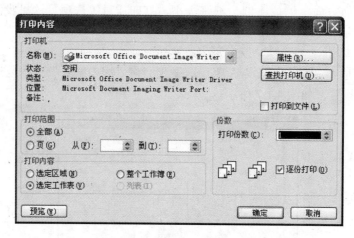

图 4.1.10 "打印内容"对话框

设置"打印范围"、"打印内容"、"打印份数"。单击"确定"按钮。

即时训练

（1）利用"自动套用格式"将"成绩单"重新进行格式化处理。

提示：选中工作表中的表格，在"格式"菜单上，单击"自动套用格式"命令，打开如图 4.1.11 所示的"自动套用格式"对话框，在该对话框中选取一种样式，单击"选项"按钮，在要应用的格式中选中"数字"、"边框"、"图案"、"对齐"复选框即可。

（2）将"打印表"重新进行打印设置，使之在一张 A3 纸上能全部输出。

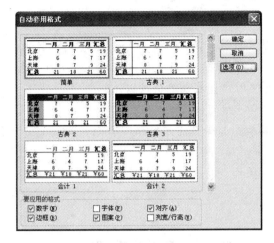

图 4.1.11 "自动套用格式"对话框

（3）当工作表因内容太多而无法在窗口全部显示时，虽然可以用滚动条实现滚动显示，但往往看不到标题和表头，无法明确表中数据所代表的含义。想一想，如何可以更方便、快捷地查看表中数据呢？

提示：

● 设置显示比例

（1）单击"视图"菜单中的"显示比例"命令，打开"显示比例"对话框，如图 4.1.12 所示。

图 4.1.12 "显示比例"对话框

（2）在"缩放"选项中选择合适的显示比例，单击"确定"按钮。

● 拆分窗口

（1）将光标定位在需要拆分的位置。

（2）单击"窗口"菜单，选择"拆分"命令，工作表即被拆分成四部分。

（3）如果要取消对窗口的拆分，可以将鼠标移到窗格的分隔线上，当鼠标变成双箭头形状时，将分隔线拖到工作表最外边的边框位置上，分隔线自动消失。在分隔线上双击鼠标也可以快速恢复到一个窗口的工作表状态。

● 冻结窗格

在编辑超长工作表时，往往一屏显示不下整行或整列的数据内容，当用户拖动滚动条时，将看不到标题行或列中所对应的项目名称。这时可以使用"冻结窗格"功能，这样可以使标题一直能被看见，方便用户查看或编辑数据。

（1）将光标定位在需要冻结的位置。

（2）单击"窗口"菜单，选择"冻结窗格"命令，滚动浏览工作表时，冻结的行和列始终可见。

（3）如果要取消冻结操作，将光标定位在冻结后的工作表中，单击"窗口"菜单，选择"取消冻结窗格"命令。

4.2　信手拈来——Excel 的数据管理

任务 2：成绩汇总表的数据处理

 知识技能目标

◇ 理解单元格地址的引用，掌握公式和常用函数的使用操作。

◇ 会对工作表中的数据进行排序、筛选、分类汇总。

◇ 会使用工作表的引用，进行多个工作表计算。

 任务引入

老师：各科成绩录入工作完成了吗？

学生：已经完成了，并已汇总到"原始成绩单"工作表中了。

老师：现在可以进行统计工作了吗？

学生：可以，都需要做哪些工作呢？

老师：按这个任务单的要求去做吧。

学生：好的。

（1）求出每个人的总分和平均分，要求保留一位小数。

（2）按总分由高到低进行排序，如果总分相同，再按英语成绩由高到低进行排序。

（3）利用自动筛选操作选出 2007 级 1 班平均分超过 90 分的学生，利用高级筛选操作选出英语和多媒体技术及应用成绩超过 85 分或者选出平面设计与制作和网页设计与制作成绩超过 90 分的学生。

（4）以班级名称为分类字段，以各科成绩为汇总项，进行各科平均值的分类汇总。

（5）在"总分"工作表中引用"英语"和"多媒体"两个工作表中的数据进行求和计算。

任务分析

由于任务单的工作很多，学生开始分门别类地进行归纳，思考要完成这些任务用 Excel 的哪些操作能完成，于是，学生设计了如下制作思路：

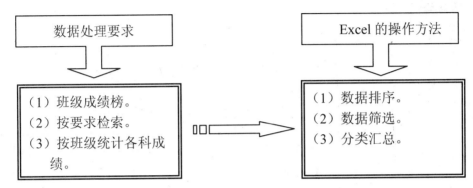

要完成上述工作，我们需借助 Excel 的如下操作：

（1）公式及函数的计算；

（2）数据排序；

（3）数据筛选；

（4）分类汇总。

任务实施

一、对数据进行计算

打开"原始成绩单"工作表，如图 4.2.1 所示。

图 4.2.1　期末成绩汇总表

方法一：用自动求和"Σ"按钮计算总分。

打开"成绩汇总表"工作簿，光标定位于"原始成绩单"工作表中的 K3 单元格，单击自动求和"Σ"按钮，选中 E3：J3，按回车键或单击编辑栏中的"√"，即可完成总分计算。

方法二：用公式计算总分。

公式是由用户自行设计并对工作表进行计算和处理的计算式。通常以等号"="开始，其内部可以包括函数、引用、运算符和常量。

运算符就是一种符号，如加法、减法或乘法等。在 Excel 中有算术运算符、比较运算符、文本运算符和引用运算符。运算符的优先级依次为：百分号、乘方、乘法（除法）、加法（减法）、文本运算符、比较运算符。同级运算按从左到右的顺序进行。如果有圆括号则先算括号内的。Excel 公式中的所有运算符见表 4.2.1。

表 4.2.1　Excel 公式中的所有运算符

运算符类型	符　号	名　　称	示　　例
算术运算符	+	加法	3+8
	−	减法	7−5
	*	乘法	5*6
	/	除法	11/6
	%	百分号	52%
	^	乘方	5^5（5 的 5 次方）
比较运算符	=	等于	A1=B1
	>	大于	A1>B1
	<	小于	A1<B1
	>=	大于等于	A1>=B1
	<=	小于等于	A1<=B1
	<>	不等于	A1<>B1
文本运算符	&	连接符	"2007" & "计算机应用技术专业" → "2007 计算机应用技术专业"
引用运算符	:	区域运算符	A1:D5 表示引用 A1 到 D5 区域的所有单元格
	,	联合运算符	SUM(A1:C3,A5:C8)表示引用 A1 到 C3 和 A5 到 C8 区域的所有单元格
	(空格)	交叉运算符	SUM(A1:F1　B1:B3)表示引用 A1:F1 和 B1:B3 两个单元区域相交的 B1 单元

打开"成绩汇总表"工作簿，光标定位于"原始成绩单"工作表中的 K4 单元格，输入公式"=E4+F4+G4+H4+I4+J4"，按回车键或单击编辑栏中的"√"按钮，即可完成总分计算。

方法三：用函数计算总分。

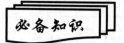

函数是预先设置好的公式，Excel 为我们提供了几百个内部函数，例如，常用函数、数

学与三角函数、财务函数、日期与时间函数等，可以对特定区域的数据进行复杂运算，与公式计算相比更加灵活。

我们经常用的函数有求和、求平均、计数、求最大值、条件函数等。

函数是公式的特殊形式，其格式为：函数名（参数 1，参数 2，…），参数是用来执行操作或计算的数据，可以是具体数值或引用含有数值的单元格。如 SUM（A1，B1，C2，D3）、SUM（A1：F10）、SUM（A1+5，B1+10，C1+20），SUM 是函数名，括号中的数据是参数。

打开"成绩汇总表"工作簿，光标定位于"原始成绩单"工作表中的 K5 单元格，选择"插入"→"函数"命令，弹出"插入函数"对话框，如图 4.2.2 所示。

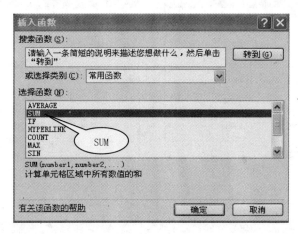

图 4.2.2　"插入函数"对话框

在"选择类别"中选择"常用函数"，在"选择函数"列表框中选择"SUM"。单击"确定"按钮，弹出"函数参数"对话框，如图 4.2.3 所示。

图 4.2.3　"函数参数"对话框

在 Number1 中输入参数"E5：J5"，或单击"▣▪"按钮，进行参数选择，单击"确定"按钮，即可完成总分计算。

即时训练

（1）任选上述方法求平均分。
（2）使用快速填充法完成所有学生总分和平均分的计算。

二、对数据进行排序

第 1 步　按总分由高到低排序

打开"成绩汇总表"工作簿，将"原始成绩单"工作表中的数据复制到"Sheet2"工作表中，并更名为"排序"，将光标定位于任意单元格上或选中 A2：L62 区域，单击"数据"→"排序"命令，弹出"排序"对话框，如图 4.2.4（a）所示。在"主要关键字"中选择"总分"，并选择"降序"单选项，如图 4.2.4（b）所示。单击"确定"按钮，排序结果如图 4.2.5 所示。

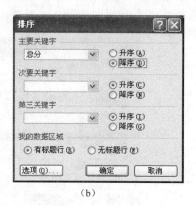

（a）　　　　　　　　　　　（b）

图 4.2.4　"排序"对话框

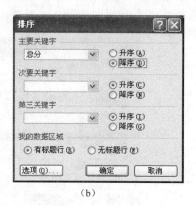

图 4.2.5　按"总分"降序排序结果

对排序结果中出现的总分相同情况，可使用"多重排序"，按"次要关键字"由高到低再次进行排序。

第 2 步　按总分和英语成绩由高到低排序（多重排序）

单击"数据"→"排序"命令，在如图 4.2.4（b）所示的"排序"对话框中的"主要关键字"中选择"总分"，在"次要关键字"中选择"英语"，并选择"降序"单选项，单击"确定"按钮。排序结果如图 4.2.6 所示，请注意行号 8、9 和行号 22、23 的总分、英语成绩。

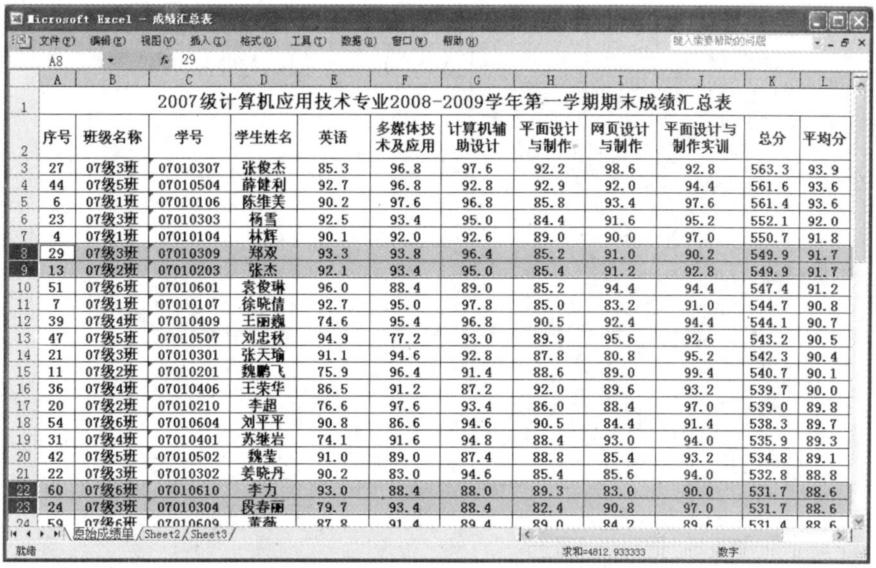

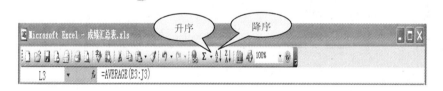

图 4.2.6　按"总分"和"英语"降序排序结果

即时训练

如图 4.2.7 所示的是"升序"和"降序"按钮，请将光标定位在"平均分"一列数据区域任意单元格，分别单击"升序"、"降序"按钮，对比一下排序结果。

分别按姓氏笔画排序、按行排序操作，并观察排序结果。

图 4.2.7　排序按钮

三、对数据进行排序

第 1 步　利用"自动筛选"命令选出 2007 级 1 班平均分超过 90 分的学生

将"原始成绩单"工作表中的数据复制到"Sheet3"工作表中，并更名为"自动筛选"，将光标定位于任意单元格，单击"数据"→"筛选"→"自动筛选"命令，显示如图 4.2.8 所示的下拉式筛选按钮。

从"班级名称"筛选按钮的下拉列表中选择"自定义…"选项，弹出"自定义自动筛选方式"对话框，如图 4.2.9 所示，左侧选择"等于"，右侧输入"07 级 1 班"。

单击"确定"按钮，满足条件的记录显示在工作表中，如图 4.2.10 所示。

从"平均分"筛选按钮的下拉列表中选择"自定义…"选项，在如图 4.2.9 所示的对话框左侧选择"大于"，右侧输入"90"。

序号	班级名称	学号	学生姓名	英语	多媒体技术及应用	计算机辅助设计	平面设计与制作	网页设计与制作	平面设计与制作实训	总分	平均分
27	升序排列 降序排列	07010307	张俊杰	85.3	96.8	97.6	92.2	98.6	92.8	563.3	93.9
44		07010504	薛健利	92.7	96.8	92.8	92.9	92.0	94.4	561.6	93.6
6	（全部） （前 10 个）	07010106	陈维美	90.2	97.6	96.8	85.8	93.4	97.6	561.4	93.6
23	07级1班 07级1班	07010303	杨雪	92.5	93.4	95.0	84.4	91.6	95.2	552.1	92.0
4	07级2班 07级3班	07010104	林辉	90.1	92.0	92.6	89.0	90.0	97.0	550.7	91.8
29	07级4班 07级4班	07010309	郑双	93.3	93.8	96.4	85.2	91.0	90.2	549.9	91.7
13	07级5班	07010203	张杰	92.1	93.4	95.0	85.4	91.2	92.8	549.9	91.7
51	07级6班	07010601	袁俊琳	96.0	88.4	89.0	85.2	94.4	94.4	547.4	91.2
1	07级1班	07010107	徐晓倩	92.7	95.0	97.8	85.0	83.2	91.0	544.7	90.8
39	07级4班	07010409	王丽嫩	74.6	95.4	96.8	90.5	92.4	94.4	544.1	90.7
47	07级5班	07010507	刘忠秋	94.9	77.2	93.0	89.9	95.6	92.6	543.2	90.5
21	07级3班	07010301	张天瑜	91.1	94.6	92.8	87.8	80.8	95.2	542.3	90.4
11	07级2班	07010201	魏鹏飞	75.9	96.4	91.4	88.6	89.0	99.4	540.7	90.1
36	07级4班	07010406	王荣华	86.5	91.2	87.2	92.0	89.6	93.2	539.7	90.0
20	07级2班	07010210	李超	76.6	97.6	93.4	86.0	88.4	97.0	539.0	89.8
54	07级6班	07010604	刘平平	90.9	86.6	94.6	90.5	84.4	91.4	538.3	89.7
31	07级4班	07010401	苏继岩	74.1	91.6	94.8	84.8	93.0	94.0	535.9	89.3
42	07级5班	07010502	魏莹	91.0	89.0	87.4	88.8	85.4	93.2	534.8	89.1
30	07级3班	07010302	姜晓丹	90.2	83.0	90.4	88.8	91.4	90.4	532.8	88.8
60	07级6班	07010610	李力	93.0	88.4	88.0	89.3	83.0	90.0	531.7	88.6
24	07级3班	07010304	段春丽	79.7	93.4	88.0	94.0	88.0	88.6	531.7	88.6
48	07级6班	07010609	董薇	87.8	91.4	89.4	89.0	84.2	89.6	531.4	88.6
43	07级5班	07010503	管兰兰	79.6	93.2	90.4	87.0	91.4	88.8	530.4	88.4
30	07级3班	07010310	张警月	81.1	93.4	91.4	86.0	90.4	86.0	528.3	88.1
55	07级6班	07010605	杨柳	83.3	89.6	90.8	85.6	93.2	85.6	528.1	88.0

图 4.2.8　下拉式筛选按钮

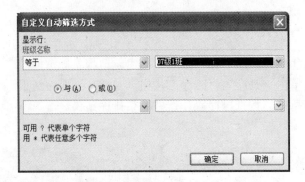

图 4.2.9　"自定义自动筛选方式"对话框

2007级计算机应用技术专业2008-2009学年第一学期期末成绩汇总表

序号	班级名称	学号	学生姓名	英语	多媒体技术及应用	计算机辅助设计	平面设计与制作	网页设计与制作	平面设计与制作实训	总分	平均分
6	07级1班	07010106	陈维美	90.2	97.6	96.8	85.8	93.4	97.6	561.4	93.6
4	07级1班	07010104	林辉	90.1	92.0	92.6	89.0	90.0	97.0	550.7	91.8
7	07级1班	07010107	徐晓倩	92.7	95.0	97.8	85.0	83.2	91.0	544.7	90.8
1	07级1班	07010101	董焱	94.6	77.0	91.6	89.6	76.8	98.2	527.8	88.0
5	07级1班	07010105	吴立影	93.1	86.0	89.8	83.0	81.6	94.8	526.3	87.7
9	07级1班	07010109	李雪	86.8	86.0	87.0	83.4	80.6	94.0	517.8	86.3
10	07级1班	07010110	孙海洋	90.3	92.0	78.2	87.6	81.0	88.0	517.1	86.2
2	07级1班	07010102	史新新	84.2	86.0	87.8	82.4	76.8	98.8	516.0	86.0
8	07级1班	07010108	魏传琪	88.3	91.6	86.5	86.0	86.0	88.0	516.0	86.0
3	07级1班	07010103	巴忠秋	85.0	73.6	89.0	85.4	85.0	94.0	512.0	85.3

图 4.2.10　筛选出 07 级 1 班的学生

单击"确定"按钮，满足指定条件的记录显示在工作表中，其他不满足条件的记录被隐藏，如图 4.2.11 所示。

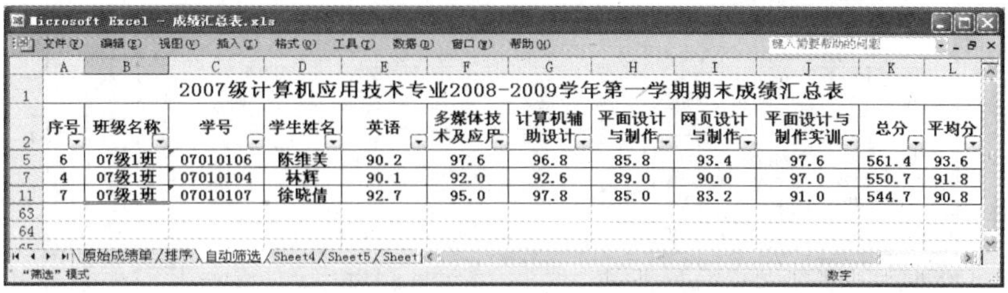

图 4.2.11   选出 07 级 1 班平均分超过 90 分的学生

第 2 步   利用"高级筛选"选出英语和多媒体技术及应用成绩超过 85 分或者选出平面设计与制作和网页设计与制作成绩超过 90 分的学生

将"原始成绩单"工作表中的数据复制到"Sheet4"工作表中，并更名为"高级筛选"，在"高级筛选"工作表空白区域中建立条件区，按如图 4.2.12 所示填写筛选条件。

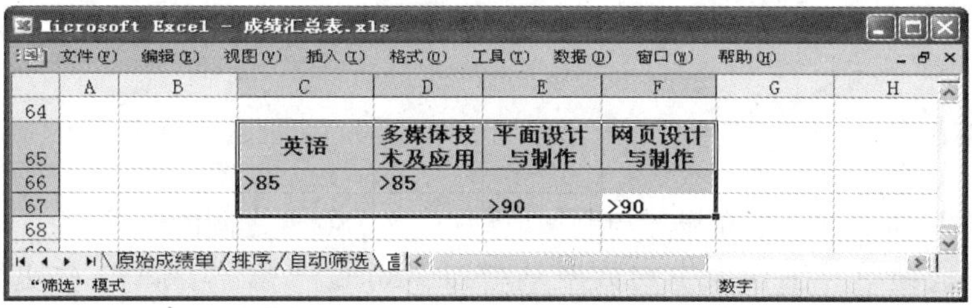

图 4.2.12   填写筛选条件

将光标定位于数据区域内的任意单元格，单击"数据"→"筛选"→"高级筛选"，弹出"高级筛选"对话框，如图 4.2.13（a）所示。

在"列表区域"中选定数据区域 A2:L62（要包含标题行），在"条件区域"中选定条件的单元格区域 C65:F67，如图 4.2.13（b）所示。

（a）   （b）

图 4.2.13   "高级筛选"对话框

单击"确定"按钮，满足条件的记录显示在工作表中，其他未满足条件的记录则自动隐藏，筛选结果如图 4.2.14 所示。

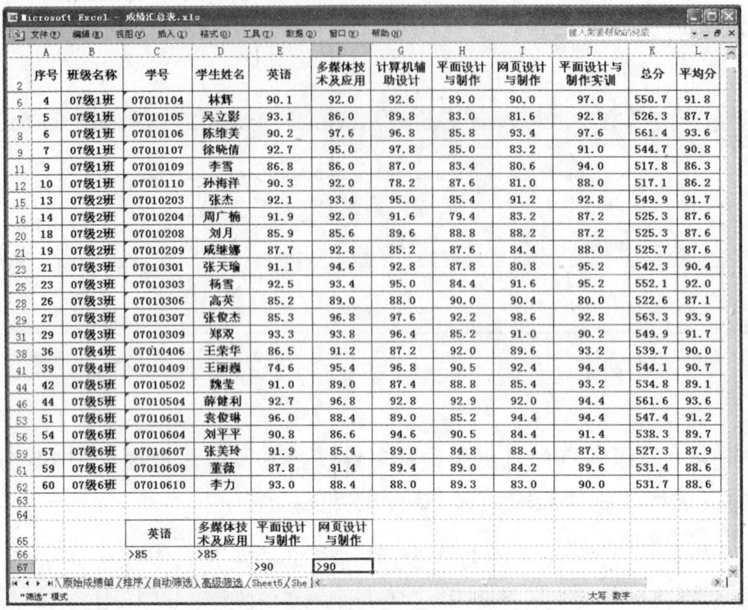

	A	B	C	D	E	F	G	H	I	J	K	L
2	序号	班级名称	学号	学生姓名	英语	多媒体技术及应用	计算机辅助设计	平面设计与制作	网页设计与制作	平面设计与制作实训	总分	平均分
6	4	07级1班	07010104	林辉	90.1	92.0	92.6	89.0	90.0	97.0	550.7	91.8
7	5	07级1班	07010105	吴立影	93.1	86.0	89.8	83.0	81.6	92.8	526.3	87.7
8	6	07级1班	07010106	陈维美	90.2	97.6	96.8	85.8	93.4	97.6	561.4	93.6
9	7	07级1班	07010107	徐晓倩	92.7	95.0	97.8	85.0	83.2	91.0	544.7	90.8
11	9	07级1班	07010109	李雪	86.8	86.0	87.0	83.4	80.6	94.0	517.8	86.3
12	10	07级1班	07010110	孙海洋	90.3	92.0	78.2	87.6	81.0	88.0	517.1	86.2
15	13	07级2班	07010203	张杰	92.1	93.4	95.0	85.4	91.2	92.8	549.9	91.7
16	14	07级2班	07010204	周广楠	91.9	92.0	91.6	79.4	83.2	87.2	525.3	87.6
20	18	07级2班	07010208	刘月	85.9	85.6	89.6	88.8	88.2	87.2	525.3	87.6
21	19	07级2班	07010209	咸继娜	87.7	92.8	85.2	87.6	84.4	88.0	525.7	87.6
23	21	07级3班	07010301	张天瑜	91.1	94.6	92.8	87.8	80.8	95.2	542.3	90.4
25	23	07级3班	07010303	杨雪	92.5	93.4	95.0	84.4	91.6	95.2	552.1	92.0
28	26	07级3班	07010306	高英	85.2	89.0	88.0	90.0	90.4	80.0	522.6	87.1
29	27	07级3班	07010307	张俊杰	85.3	96.8	97.6	92.2	98.6	92.8	563.3	93.9
31	29	07级3班	07010309	郑双	93.3	93.8	96.4	85.2	91.0	90.2	549.9	91.7
38	36	07级4班	07010406	王荣华	86.5	91.2	87.2	92.0	89.6	93.2	539.7	90.0
41	39	07级4班	07010409	王丽巍	74.6	95.4	96.8	90.5	92.4	94.4	544.1	90.7
44	42	07级5班	07010502	魏莹	91.0	89.0	87.4	88.8	85.4	93.2	534.8	89.1
46	44	07级5班	07010504	薛健利	92.7	96.8	92.8	92.9	92.0	94.4	561.6	93.6
53	51	07级6班	07010601	袁俊琳	96.0	88.4	89.0	85.2	94.4	94.4	547.4	91.2
56	54	07级6班	07010604	刘平平	90.8	86.6	94.6	90.5	84.4	91.4	538.3	89.7
59	57	07级6班	07010607	张美玲	91.9	85.4	89.0	84.8	88.4	87.8	527.3	87.9
61	59	07级6班	07010609	董薇	87.8	91.4	89.4	89.0	84.2	89.6	531.4	88.6
62	60	07级6班	07010610	李力	93.0	88.4	88.0	89.3	83.0	90.0	531.7	88.6

	英语	多媒体技术及应用	平面设计与制作	网页设计与制作
66	>85	>85		
67			>90	>90

图 4.2.14 高级筛选结果

即时训练

“自动筛选”命令筛选平面设计与制作成绩在 75～80 分之间的学生。

将“原始成绩单”工作表中的数据复制到“Sheet5”工作表中，并更名为“筛选训练”。

选中数据区域中的任意单元格，单击“数据”→“筛选”→“自动筛选”，从“平面设计与制作”筛选按钮的下拉列表中选择“自定义...”选项，弹出“自定义自动筛选方式”对话框。

在如图 4.2.9 所示的对话框中，选择或输入所选数值列的值要满足的筛选条件，“大于或等于 75，小于或等于 80”，逻辑关系为“与”。

单击“确定”按钮，满足条件的记录显示在工作表中，其他不满足条件的记录被隐藏，如图 4.2.15 所示。

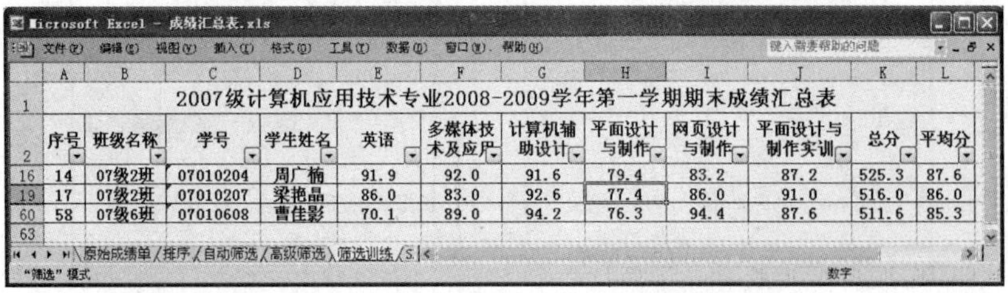

2007级计算机应用技术专业2008-2009学年第一学期期末成绩汇总表

	序号	班级名称	学号	学生姓名	英语	多媒体技术及应用	计算机辅助设计	平面设计与制作	网页设计与制作	平面设计与制作实训	总分	平均分
16	14	07级2班	07010204	周广楠	91.9	92.0	91.6	79.4	83.2	87.2	525.3	87.6
19	17	07级2班	07010207	梁艳晶	86.0	83.0	92.6	77.4	86.0	91.0	516.0	86.0
60	58	07级6班	07010608	曹佳影	70.1	89.0	94.2	76.3	94.4	87.6	511.6	85.3

图 4.2.15 平面设计与制作成绩为 75～80 分之间的学生的筛选结果

四、对数据进行分类汇总

将“原始成绩单”工作表中的数据复制到“Sheet6”工作表中，并更名为“分类汇总”。先按“分类汇总”工作表中的“班级名称”进行排序（升序、降序都可以）。

将光标定位在数据区域内的任意单元格，单击“数据”→“分类汇总”命令，弹出“分类汇总”对话框，如图 4.2.16（a）所示。

在“分类字段”列表框中选择“班级名称”。在“汇总方式”列表框中选择“平均值”。在“选定汇总项”列表框中选择数据列“英语”、“多媒体技术及应用”、“计算机辅助设计”、“平面设计与制作”、“网页设计与制作”、“平面设计与制作实训”，如图 4.2.16（b）所示。单击“确定”按钮完成分类汇总操作。分类汇总结果如图 4.2.17 所示，即第三级显示结果。

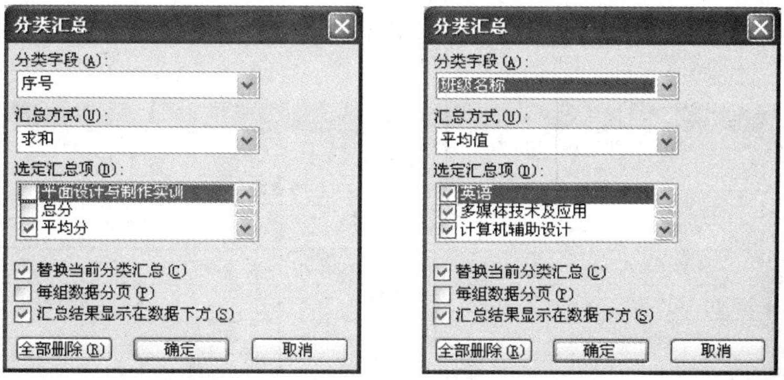

（a） （b）

图 4.2.16 “分类汇总”对话框

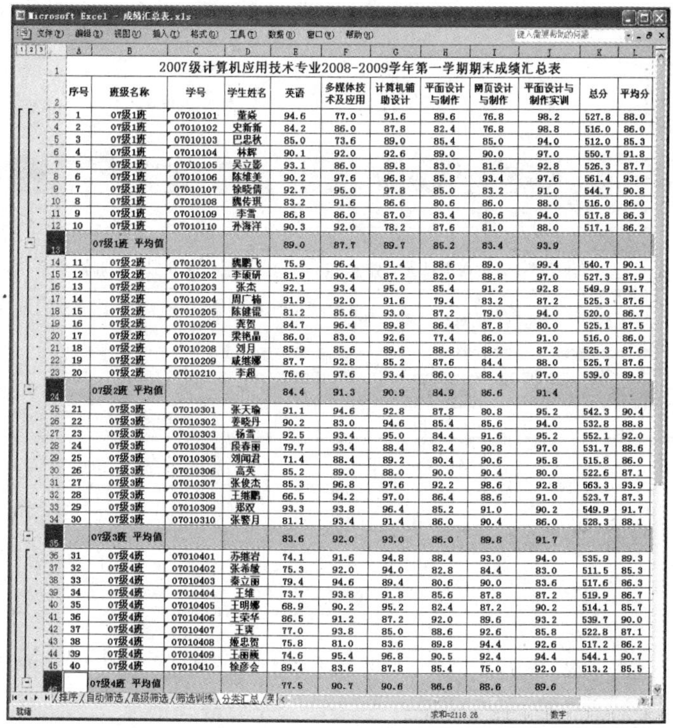

图 4.2.17 分类汇总第三级显示结果

单击如图 4.2.18 所示"2"按钮，可看到第二级显示结果，如图 4.2.19 所示。单击如图 4.2.18 所示"1"按钮，可看到第一级显示结果，如图 4.2.20 所示。

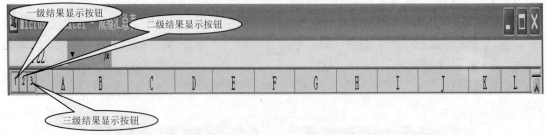

图 4.2.18　分类汇总一至三级显示结果按钮

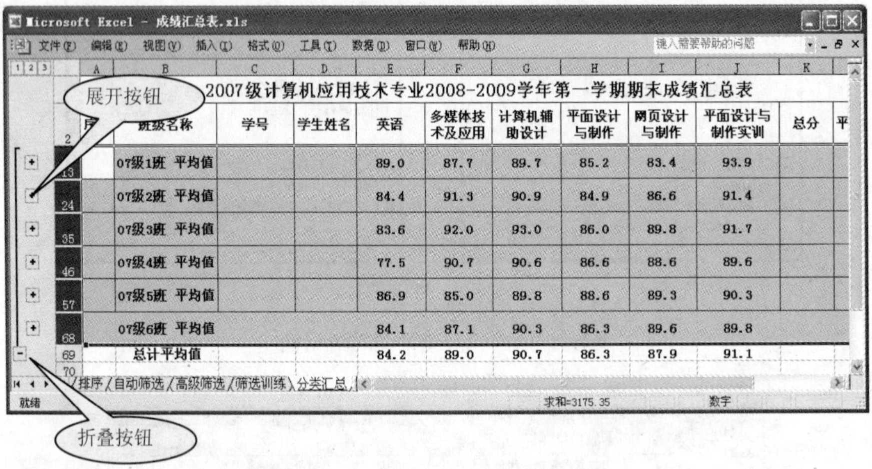

图 4.2.19　分类汇总第二级显示结果

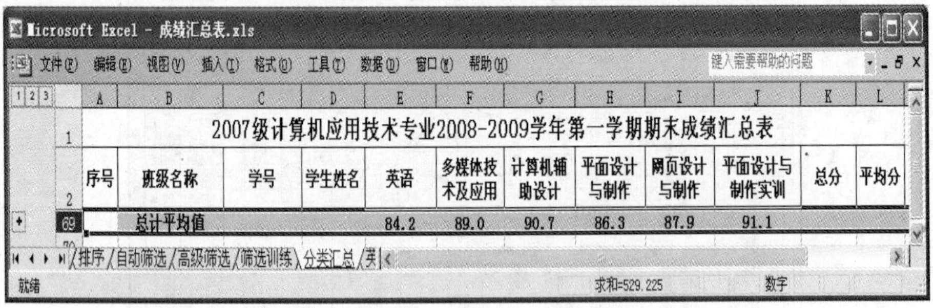

图 4.2.20　分类汇总第一级显示结果

即时训练

（1）打开"成绩汇总表"工作簿，取消"分类汇总"工作表中的"分类汇总"。

（2）利用"分类汇总"命令找出各班"总分"成绩最高的学生，如图 4.2.21 所示。

（3）求"英语"和"多媒体技术应用"成绩的和，结果如图 4.2.22 所示。

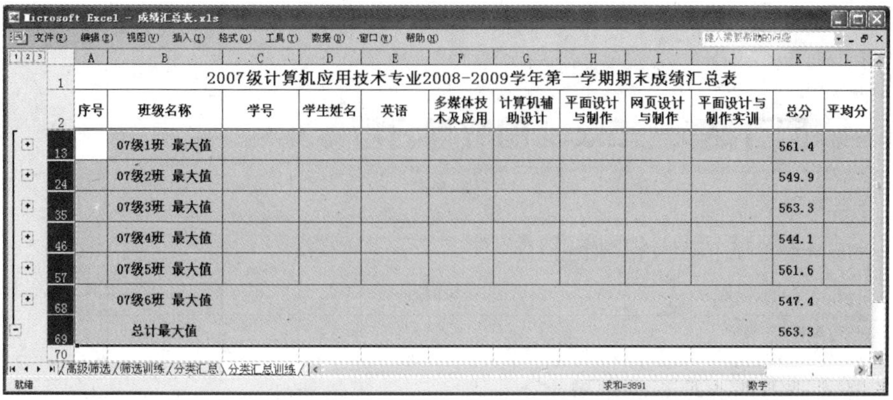

	序号	班级名称	学号	学生姓名	英语	多媒体技术及应用	计算机辅助设计	平面设计与制作	网页设计与制作	平面设计与制作实训	总分	平均分
13		07级1班 最大值									561.4	
24		07级2班 最大值									549.9	
35		07级3班 最大值									563.3	
46		07级4班 最大值									544.1	
57		07级5班 最大值									561.6	
68		07级6班 最大值									547.4	
69		总计最大值									563.3	

图 4.2.21　利用“分类”汇总显示各班“总分”成绩最高的结果

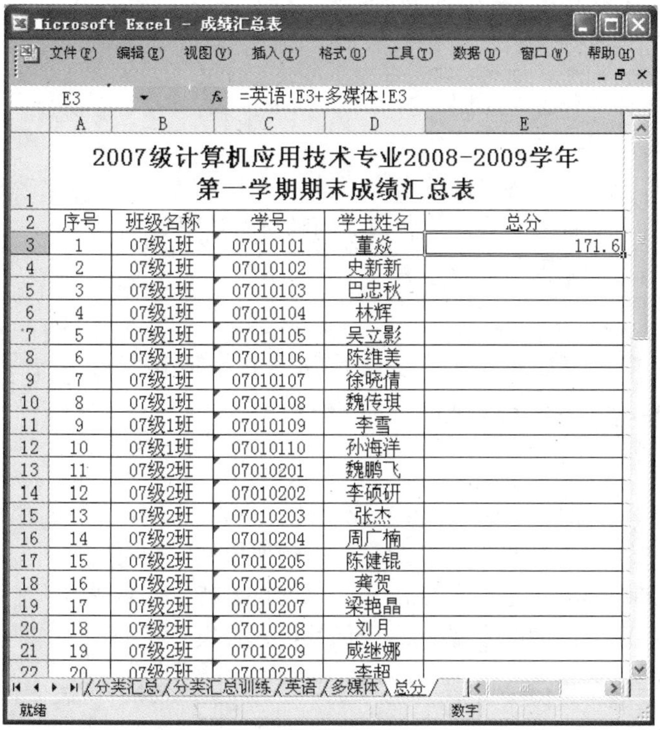

=英语!E3+多媒体!E3

2007级计算机应用技术专业2008-2009学年第一学期期末成绩汇总表

	序号	班级名称	学号	学生姓名	总分
3	1	07级1班	07010101	董焱	171.6
4	2	07级1班	07010102	史新新	
5	3	07级1班	07010103	巴忠秋	
6	4	07级1班	07010104	林辉	
7	5	07级1班	07010105	吴立影	
8	6	07级1班	07010106	陈维美	
9	7	07级1班	07010107	徐晓倩	
10	8	07级1班	07010108	魏传琪	
11	9	07级1班	07010109	李雪	
12	10	07级1班	07010110	孙海洋	
13	11	07级2班	07010201	魏鹏飞	
14	12	07级2班	07010202	李硕研	
15	13	07级2班	07010203	张杰	
16	14	07级2班	07010204	周广楠	
17	15	07级2班	07010205	陈健锟	
18	16	07级2班	07010206	龚贺	
19	17	07级2班	07010207	梁艳晶	
20	18	07级2班	07010208	刘月	
21	19	07级2班	07010209	咸继娜	
22	20	07级2班	07010210	李超	

图 4.2.22　多工作表引用结果显示

必备知识

引用同一工作簿中的工作表很简单，只需在公式中同时加入工作表引用和单元格引用，例如，引用工作表 Sheet3 中的 C3 单元格，只需在公式中输入“=Sheet3！C3”即可。感叹号的功能是将工作表和单元格引用区分开来。如果工作表 Sheet3 已命名为“数学”，则引用改为“=数学！C3”。

当然使用鼠标可以简化对同一工作簿中不同工作表的引用。只需先选取活动工作表，进入输入公式状态，然后转到要引用的工作表，单击要引用的单元格，则引用名会自动显示在编辑栏中，而且该单元格的边框线开始闪烁。最后按回车键完成引用操作。

4.3　一目了然——Excel 的数据分析

任务 3：班级成绩对比图的制作

知识技能目标

◇ 了解常见图表的功能和使用方法。

◇ 会创建与编辑数据图表。

◇ 会使用数据透视表和数据透视图进行数据分析。

📖 **任务引入**

老师：数据统计工作完成了吗？

学生：已经完成了。

老师：现在教务科要对各班的英语成绩进行评比与分析，任务比较急，手工方法可能无法按时完成，你有快捷的解决方法吗？

学生：让我来试一试吧。

> 在"图表"工作表中，利用各科平均值的分类汇总结果制作"各班英语平均成绩对比图"。

📖 **任务分析**

接到任务以后，学生反复思考，要完成上述工作，利用学习过的哪种专业技能解决起来更快捷、更直观呢？最常用的方法就是将数据转换成便于观看的各种直观图形，而在电子表格中，图表的分析功能以其直观、准确和便于比较等特点一直受到人们的青睐。于是，学生决定采用这种方法去解决教师交代的这个任务，并且设计了如下制作思路：

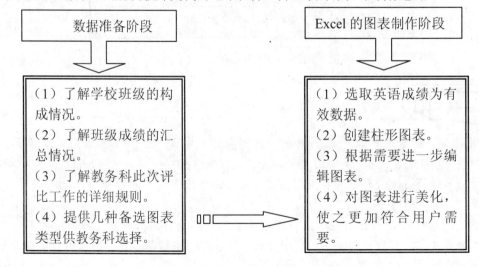

数据准备阶段

Excel 的图表制作阶段

（1）了解学校班级的构成情况。
（2）了解班级成绩的汇总情况。
（3）了解教务科此次评比工作的详细规则。
（4）提供几种备选图表类型供教务科选择。

（1）选取英语成绩为有效数据。
（2）创建柱形图表。
（3）根据需要进一步编辑图表。
（4）对图表进行美化，使之更加符合用户需要。

任务实施

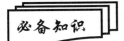

所谓图表就是把表格图形化，是一种直观、形象地表示数据的方法。图表具有较好的视觉效果，可方便用户查看数据的差异、图案和预测趋势。例如，您不必分析工作表中的多个数据列就可以立即看到各个季度销售额的升降，或很方便地对实际销售额与销售计划进行比较。您可以在工作表上创建图表，或将图表作为工作表的嵌入对象使用。您也可以在网页上发布图表。若要创建图表，就必须先在工作表中为图表输入数据，然后再选择数据并使用"图表向导"来逐步完成选择图表类型和其他各种图表选项的过程，或使用"图表"工具栏来创建以后可设置格式的基本图表。

当基于工作表选定区域建立图表时，Excel 使用来自工作表的值，并将其当成数据点在图表上显示。数据点用条形、线条、柱形、切片、点及其他形状表示。这些形状称为数据标志。

建立了图表后，我们可以通过增加图表项，如数据标记，图例、标题、文字、趋势线、误差线及网格线来美化图表及强调某些信息。大多数图表项可被移动或调整大小。我们也可以用图案、颜色、对齐、字体及其他格式属性来设置这些图表项的格式。对各种数据进行图表处理，可以找出工作表格不容易发现的问题，使得数据处理工作更为有效。

第 1 步　选择图表类型

打开"成绩汇总表"工作簿，通过"分类汇总"工作表中的二级显示数据生成"图表"工作表，如图 4.3.1 所示。

A	B	C	D	E	F	G	H	I
			2007级计算机应用技术专业2008-2009学年第一学期期末成绩汇总表					
2	班级名称	英语	多媒体技术及应用	计算机辅助设计	平面设计与制作	网页设计与制作	平面设计与制作实训	
3	07级1班	89.0	87.7	89.7	85.2	83.4	93.9	
4	07级2班	84.4	91.3	90.9	84.9	86.6	91.4	
5	07级3班	83.6	92.0	93.0	86.0	89.8	91.7	
6	07级4班	77.5	90.7	90.6	86.6	88.6	89.6	
7	07级5班	86.9	85.0	89.8	88.6	89.6	90.3	
8	07级6班	84.1	87.1	90.3	86.3	89.6	89.8	

图 4.3.1　"图表"工作表

选中 B2：C8 区域，单击"插入"→"图表"命令，弹出"图表向导－4 步骤之 1－图表类型"对话框，如图 4.3.2 所示。

选择"标准类型"，在"图表类型"列表中选择"柱形图"，再在"子图表类型"框中选择"三维簇状柱形图"。

第 2 步 选择图表数据源

单击"下一步"，弹出"图表向导－4 步骤之 2－图表源数据"对话框，如图 4.3.3 所示。

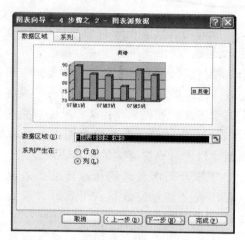

图 4.3.2 "图表向导—4 步骤之一——图
表类型"对话框

图 4.3.3 "图表向导—4 步骤之 2—图
表数据源"对话框

单击"数据区域"右侧的" "按钮，选择数据区域（由于上一步中已经选择数据区域，这里确认无误即可）。

第 3 步 设置图表选项

单击"下一步"按钮，如图 4.3.4 所示，弹出"图表向导－4 步骤之 3－图表选项"对话框。

单击"标题"选项卡，在"图表标题"中输入"各班英语平均成绩对比图"。其他选项根据需要设置。

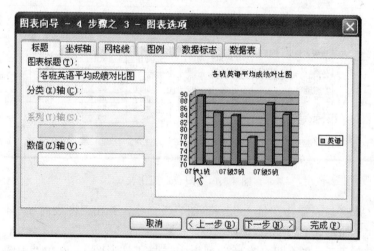

图 4.3.4 "图表向导—4 步骤之 3—图表选项"对话框

必备知识

图表选项中可设置以下图表对象：（单击可选择，拖动鼠标可移动）

标题：可设置或修改图表标题、分类轴及数值轴标题。

坐标轴：对分类轴及数值轴进行设置。

网格线：对分类轴及数值轴的网格线进行设置。

图例：是一个方框，用于区分图表中的数据系列或分类所指定的图案或颜色，还可以对图例的位置进行设置。

数据标志：为数据标记提供附加信息的标志，数据标记代表来源于工作表单元格的单一数据点数值。数据标志可以应用于单一的数据标记、完整的数据系列或图表中的全部数据标记。对于不同的图表类型，数据标志可以显示数值、数据系列或类别的名称、百分比，或者是这些信息的组合。

数据表：选择是否显示数据表。

第 4 步　选择图表位置

单击"下一步"按钮，弹出"图表向导－4 步骤之 4－图表位置"对话框，如图 4.3.5 所示。

图 4.3.5　"图表向导—步骤之 4—图表位置"对话框

必备知识

作为新工作表插入：当选中这个单选框时，图表将作为具有特定工作表名称的独立工作表创建。如果用户要独立于工作表数据查看、编辑大而复杂的图表，或希望节省工作表上的屏幕空间时，可以使用这种方式。

作为其中的对象插入：当选中这个单选框时，图表将作为工作表的一部分嵌入到工作表中。如果用户要将图表和工作表数据一起显示或打印时，可以使用这种方式。

选择"作为其中的对象插入"，将图表与数据一起显示，单击"完成"按钮，结果如图 4.3.6 所示。

通过以上操作，"各班英语平均成绩对比图"已粗具模型，但还不够美观，所以，学生对创建的图表进行了进一步的编辑和美化操作。

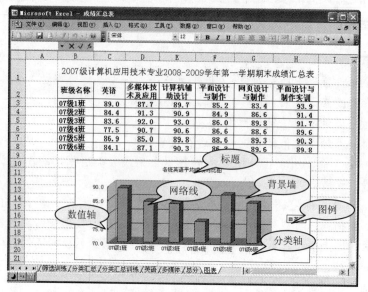

图 4.3.6　选择"图表作为其中对象插入"的显示结果

第 5 步　完善"图表选项"中的各项内容

必备知识

如果需要对工作表图表的标题、图例、坐标轴等元素进行设置或者修改，可以选中图表，单击"图表"菜单，选择"图表选项"命令，在弹出的"图表选项"对话框中进行操作。

打开"成绩汇总表"工作簿，新建"完善图表对象"工作表。

将"图表"工作表中的全部内容复制到"完善图表对象"工作表中。

在"设置图表选项"工作表中单击选定图表区，选择"图表"→"图表选项"命令，弹出"图表选项"对话框，如图 4.3.7 所示。

单击"网格线"选项卡，在如图 4.3.8 所示的对话框中将"主要网格线"中复选框内的对勾取消。

单击"图例"选项卡，在如图 4.3.9 所示的对话框中，将"显示图例"复选框选前的对勾取消。

图 4.3.7　"图表选项"对话框

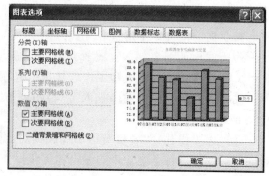

图 4.3.8　"网格线"选项卡

单击"数据标志"选项卡,如图 4.3.10 所示,选择"值"前复选框,出现"V"表示被选中。

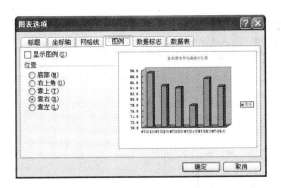 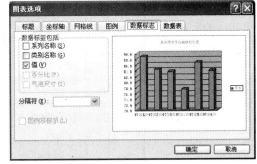

图 4.3.9　"图例"选项卡　　　　　　　　　图 4.3.10　"数据标志"选项卡

单击"确定"按钮后,生成如图 4.3.11 所示的图表。

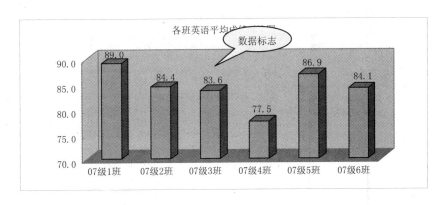

图 4.3.11　"图表选项"设置后的各班英语平均成绩对比图

第 6 步　更改分类轴名称

必备知识

一般情况下,图表有两个用于对数据进行分类和度量的坐标轴:分类(X)轴和数值(Y)轴(坐标轴:界定图表绘图区的线条,用做度量的参照框架。X 轴通常为水平坐标轴,并包含分类;Y 轴通常为垂直坐标轴,并包含数据)。

打开"成绩汇总表"工作簿,新建"分类轴修改"工作表。

将"完善图表对象"中的全部内容复制到"分类轴修改"工作表中。

在"分类轴修改"工作表中单击选定图表区,选择"图表"→"源数据"命令,弹出"源数据"对话框,将"分类(X)轴标志"中的内容修改为:={"1 班","2 班","3 班","4 班","5班","6 班"},如图 4.3.12 所示。

单击"确定"按钮后,结果如图 4.3.13 所示。

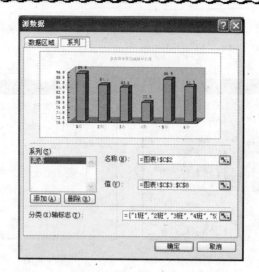

图 4.3.12 "系列"选项卡

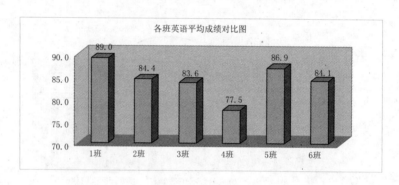

图 4.3.13 在"系列"选项卡进行修改后的图表

第 7 步　格式化图表

必备知识

1. 设置坐标、标题、图例等图表对象的格式

将鼠标移到坐标、标题、图例等上，单击鼠标右键，在快捷菜单上选择相应的项目即可。

2. 改变图表大小

单击图表区域，将其激活，图表边框出现 8 个操作柄，用鼠标指向某个操作柄，当鼠标指针呈现双箭头时，按住左键不放，拖动操作柄到需要的位置上，然后放开鼠标左键，即可完成（图表对象的处理方法与处理图片对象操作相同）。

3. 改变图表颜色、图案、边框

方法一：单击图表区域的任意位置，在"图表"工具栏上单击"图表区格式"按钮，弹出"图表区格式"对话框，根据用户需要进行相关设置。

方法二：双击图表区域的任意位置，也可以弹出"图表区格式"对话框。

打开"成绩汇总表"工作簿，新建"格式化"工作表。

将"分类轴修改"全部内容复制到"格式化"工作表中。

在"格式化"工作表中单击图表区，在"图表标题"上单击右键，在快捷菜单中选择"图表标题格式"命令，弹出"图表标题格式"对话框，如图 4.3.14 所示。

单击"字体"选项卡，设置字体为"华文行楷"，字号为"16"，颜色为"深红"，单击"确定"按钮。

在"格式化"工作表中单击图表区，在"背景墙"上单击右键，在快捷菜单中选择"背景墙格式"命令，弹出"背景墙格式"对话框，如图 4.3.15 所示。

设置区域颜色为"茶色"，单击"确定"按钮。

同理将"基底"的颜色设置为"浅黄"。

图 4.3.14　"图表标题格式"对话框　　　　图 4.3.15　"背景墙格式"对话框

在"格式化"工作表中单击选定图表区，在"分类轴（水平）"上单击右键，在弹出的快捷菜单中选择"坐标轴格式"命令，弹出"坐标轴格式"对话框，如图 4.3.16 所示。

图 4.3.16　"坐标轴格式"对话框

单击"图案"选项卡，设置"主要刻度线类型"为"无"，单击"确定"按钮。

单击"数值轴（垂直）"，在弹出的快捷菜单中选择"坐标轴格式"命令，在弹出的"坐标轴格式"对话框中将"数值轴（垂直）"上的刻度线取消。

经过以上格式化设置后，生成的图表如图 4.3.17 所示。

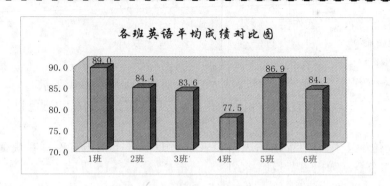

图 4.3.17　格式化后的图表

即时训练

学生将做好的图表交给老师后，老师对图表的类型、颜色、字体、大小比例都不尽满意，于是，学生进行了进一步的修改。修改后的图表如图 4.3.18 所示。

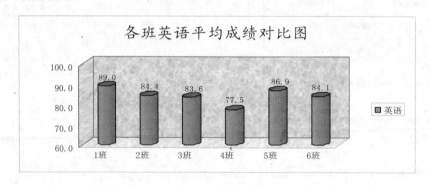

图 4.3.18　修改后的图表

必备知识

Excel 提供了约 14 种标准图表类型，如面积图、柱形图、条形图、折线图、饼图、圆环图、气泡图、雷达图、股价图、曲面图、散点图、锥形图、圆柱图、棱锥图等，每种图表类型又都有几种不同的子类型。此外，Excel 还提供了约 20 种自定义图表类型，用户可根据需要选用适当的图表类型。

对于大部分二维图表，既可以更改数据系列的图表类型，又可以更改整张图表的图表类型。对于气泡图，只能更改整张图表的图表类型。对于大部分三维图表，更改图表类型将影响到整张图表。对于三维条形图和柱形图，可以将有关数据系列更改为圆锥、圆柱或棱锥图表类型。

方法一：选中图表，单击"图表"菜单，选择"图表类型"命令，在弹出的"图表类型"对话框中重新选择一种图表类型。

方法二：选中图表，单击"图表"工具栏上的"图表类型"下拉按钮，在下拉菜单中重新选择一种图表类型。

方法三：选中图表，右键单击，打开"图表类型"对话框，重新选择一种图表类型。

 本章小结

本章通过三个任务的设计学习了工作簿的基本操作，如编辑、格式化、管理、打印工作表；用公式和函数计算工作表中数据、分析与管理数据；图表的应用与编辑等。在实际的工作中，这些知识点与技能往往需交叉运用，因此需要在实际操作中不断总结经验，这样才能尽快掌握 Excel 的使用技巧。

第 5 章　走进多媒体世界——多媒体软件应用

5.1　认识多媒体——多媒体基础

知识技能目标

◇ 了解多媒体的基本概念。
◇ 了解多媒体计算机系统的组成。
◇ 熟悉多媒体常用设备。
◇ 了解多媒体采集处理数据的常用工具软件。

📖 任务引入

老师：校园文化节的多媒体歌舞晚会顺利落幕了，非常感谢信息部同学们幕后的大力支持！
学生：这次我们采用多媒体技术在舞台上增加了背景影像画面，真是为晚会增色不少呢！
老师：是啊。现在我们把计算机、投影仪、音响设备搬回去吧。
学生：好的，我马上就去。

任务分析

多媒体技术已经渗透到各行各业多个应用领域，影响到每个人工作、学习、生活及娱乐等各个方面，同时也给我们的社会带来了日新月异的变化。认识多媒体、了解多媒体、制作多媒体是我们的首选，这将给我们今后的工作、学习、生活带来无限的乐趣。

任务实施

※ 多媒体的基本概念

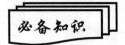

媒体（Media）是一个含义非常广泛的词语。最常见的媒体，如报纸、广播、电视等，

简称传媒；也有把磁带、磁盘、光盘等存储信息的物质实体称为媒体的；还有把数字、文字、声音、静态图像或影视动画等信息的不同表现形态称为媒体的。可见，媒体可表示的对象是广泛的，但它们都有一个共同点，就是都与信息相关，是信息的载体。因此，下面将在信息技术领域的范畴内，对媒体进行分类。

国际电话电报咨询委员会 CCITT（Consultative Committee on International Telephone and Telegraph，国际电信联盟 ITU 的一个分会）把媒体分成 5 类：

（1）感觉媒体（Perception Medium）

指直接作用于人的感觉器官，使人产生直接感觉的媒体。如引起听觉反应的声音，引起视觉反应的图像等。

（2）表示媒体（Representation Medium）

指传输感觉媒体的中介媒体，即用于数据交换的编码。如图像编码（JPEG、MPEG 等）、文本编码（ASCII 码、GB2312 等）和声音编码等。

（3）表现媒体（Presentation Medium）

指进行信息输入和输出的媒体。如键盘、鼠标、扫描仪、话筒、摄像机等为输入媒体；显示器、打印机、喇叭等为输出媒体。

（4）存储媒体（Storage Medium）

指用于存储表示媒体的物理介质。如硬盘、软盘、磁盘、光盘、ROM 及 RAM 等。

（5）传输媒体（Transmission Medium）

指传输表示媒体的物理介质。如电缆、光缆等。

那么，什么是多媒体呢？多媒体（Multimedia）是指把文本、声音、图形、图像、动画和影视等单媒体通过一些技术手段进行逻辑连接后形成的一种信息表现形态，一般理解为多种媒体的综合。多媒体不是各种信息媒体的简单复合，它有一个很重要的特性——交互性。交互性一般通过计算机来实现。什么是交互性呢？我们通常看的电视节目、电影、录像、VCD 光盘也是多种媒体的组合，但你无法参与进去，你只能根据编剧和导演编制完成的节目去听、去看，这叫顺序播放。多媒体则不同，它可以让你参与，即你可以通过操作去控制整个过程，可以打乱顺序任意选择，这种可操作性就称为交互性。

多媒体技术的发展改变了计算机的使用领域，使计算机由办公室、实验室中的专用品变成了信息社会的普通工具，广泛应用于工业生产管理、学校教育、公共信息咨询、商业广告、军事指挥与训练，甚至家庭生活与娱乐等多个领域。

※ 多媒体的特点

多媒体技术有以下几个主要特点：

（1）集成性。能够对信息进行多通道统一获取、存储、组织与合成。

（2）控制性。多媒体技术是以计算机为中心，综合处理和控制多媒体信息，并按人的要求以多种媒体形式表现出来，同时作用于人的多种感官。

（3）交互性。交互性是多媒体应用有别于传统信息交流媒体的主要特点之一。传统信息交流媒体只能单向地、被动地传播信息，而多媒体技术则可以实现人对信息的主动选择和控制。

（4）非线性。多媒体技术的非线性特点将改变人们传统循序性的读写模式。以往人们读写方式大都采用章、节、页的框架，循序渐进地获取知识，而多媒体技术将借助超文本链接（Hyper Text Link）的方法，把内容以一种更灵活、更具变化的方式呈现给读者。

（5）实时性。当用户给出操作命令时，相应的多媒体信息都能够得到实时控制。

（6）信息使用的方便性。用户可以按照自己的需要、兴趣、任务要求、偏爱和认知特点来使用信息，任取图、文、声等信息表现形式。

（7）信息结构的动态性。"多媒体是一部永远读不完的书"，用户可以按照自己的目的和认知特征重新组织信息，增加、删除或修改节点，重新建立链接。

※多媒体计算机的组成

一个完整的多媒体计算机系统由多媒体计算机硬件和多媒体计算机软件两部分组成。

1．多媒体计算机的硬件

一般计算机硬件由主机、显示器、键盘、鼠标等器件组成，多媒体计算机在此基础上加上各类适配卡及专用输入/输出设备后组成。多媒体计算机硬件组成的一般结构如图 5.1.1 和图 5.1.2 所示，图中带有阴影的部件就是多媒体计算机特有的配置。

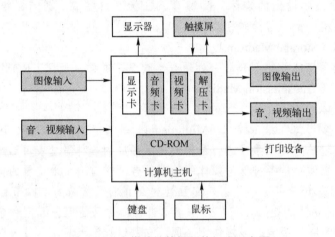

图 5.1.1　多媒体计算机硬件组成示意图

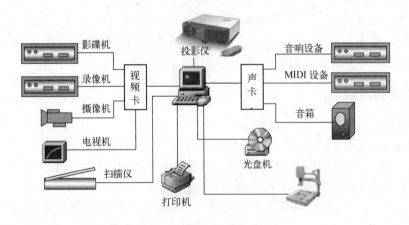

图 5.1.2　多媒体计算机硬件系统示意图

（1）基本硬件

一般来说，多媒体个人计算机（MPC）的基本硬件结构可以归纳为以下八部分：

- 至少有一个功能强大、速度快的中央处理器（CPU）；
- 可管理、控制各种接口与设备的配置；
- 大容量的存储空间（硬盘）；
- 足够大的内存；
- 高分辨率显示接口与设备；
- 可处理音响的接口与设备；
- 可处理图像的接口设备；
- 鼠标和键盘。

（2）适配卡

① 显示卡。它把显示缓存送出的信息转换成视频控制信号，控制显示器的显示，是软件和显示器之间进行通信的桥梁。

② 音频卡（Sound Card）。也叫声卡，用于处理音频信息，它可以对话筒、录音机、电子乐器等输入的声音信息进行模数转换（A/D）、压缩等处理，也可以把经过计算机处理的数字化的声音信号通过还原（解压缩）、数模转换（D/A）后用音箱播放出来，或者用录音设备记录下来。

③ 视频卡（Video Card）。用来支持视频信号（如电视）的输入与输出。

④ 采集卡。能将电视信号转换成计算机的数字信号，便于使用软件对转换后的数字信号进行剪辑处理、加工和色彩控制。还可将处理后的数字信号输出到录像带中。

（3）光驱

分为只读光驱（CD—ROM）和可读写光驱（CD—R，CD—RW），可读写光驱又称为刻录机。用于读取或存储大容量的多媒体信息。

（4）输入/输出设备

- 图像输入设备：扫描仪、数码相机、手绘板、视频展台；附加于显示器表面的触摸屏，也是一种输入设备。
- 图像输出设备：绘图仪、打印机、传真机、投影仪。
- 音、视频输入设备：话筒、录音笔、数码摄/录像机。
- 音、视频输出设备：音响设备、扬声器、耳机、录像机、电视机、视频电话机。

2．多媒体计算机的软件

如果说硬件是多媒体系统的基础，那么软件就是其灵魂。多媒体硬件的各种功能必须通过多媒体软件的作用才能得到淋漓尽致的发挥。多媒体软件系统具有综合使用各种媒体及传输和处理数据的功能。它可以被划分为不同的层次，如图 5.1.3 所示。

（1）多媒体驱动软件

多媒体驱动软件是多媒体软件中直接和硬件打交道的部分，其主要功能是完成设备的初始化、各种设备的打开与关闭以及设备的各种操作。

（2）多媒体操作系统

多媒体操作系统是多媒体软件的核心，必须在原基础上扩充多媒体资源管理与信息处理的功能。其功能是负责多媒体环境下多个任务的调度，提供多媒体信息的各种基本操作与管理，支持实时同步播放。

图 5.1.3　多媒体软件系统的层次结构

（3）多媒体数据准备软件

多媒体数据准备软件包括文字处理软件、绘图软件、图像处理软件、动画制作软件、声音编辑软件以及视频编辑软件。

- 文字处理：记事本、写字板、Word、WPS。
- 图形图像处理：Photoshop、CorelDraw、Illustrator 、ACDSee、HyperSnap。
- 动画制作：3DS MAX、Maya、Poser 、AutoDesk Animator Pro 、Flash、Cool 3D。
- 声音处理：Audition、Ulead Media Studio、GoldWave、超级解霸、Windows 录音机。
- 视频处理：Premiere、After Effects、超级解霸、Movie Maker。

（4）多媒体编辑创作软件

多媒体编辑创作软件是供专业人员制作应用软件的系统工具。应用软件的创作工具用来帮助应用开发人员提高开发工作效率，它们大体上都是一些应用程序生成器，即将各种媒体素材按照超文本节点和链结构的形式进行组织，形成多媒体应用系统。Authorware、Director、Multimedia Tool Book、PowerPoint 等都是比较有名的多媒体创作工具。

- 编程语言：Visual Basic、Visual C++、Delphi。
- 多媒体创作系统（无须编程）：Authorware、Director、Tool Book、Flash。

（5）多媒体应用系统

多媒体应用系统是在多媒体平台上设计开发的面向应用的软件系统，如多媒体数据库系统、超媒体或超文本系统、多媒体 VOD 视频点播系统、多媒体视频会议系统等，也包括用软件创作工具开发出来的应用软件，如多媒体辅助教学系统（CAI 课件）、多媒体电子图书等。

即时训练

（1）用数码相机照一张照片或用扫描仪扫描一张图片制作计算机显示器桌面背景。

（2）从一两个应用实例出发，谈谈多媒体技术的应用对人类社会的影响。

5.2 美工设计——图像处理

任务：ACDSee工具教你处理图像

知识技能目标

◇ 掌握 ACDSee 软件下载、安装方法。
◇ 掌握 ACDSee 软件使用方法。

📖 任务引入

老师：把这次校园文化节多媒体晚会的图片资料从数码相机中整理到计算机上，
　　　归纳好类别，便于以后查找。
学生：好的，我就用 ACDSee 来整理吧。

（1）能够自己上网下载 ACDSee 软件，并会安装 ACDSee 软件。
（2）能够使用 ACDSee 软件浏览并处理图像。

任务分析

在进行图片浏览时，我们常常会用到 ACDSee，它是最快的浏览图片软件。ACDSee 不仅是一种看图工具，同时还具备一定的图片处理功能，用它处理图片简单、快速，效率非常高。

✍ 任务实施

※下载、安装 ACDSee

ACDSee 是世界上排名第一的数字图像处理软件，它广泛应用于图片的获取、管理、浏览、优化。使用 ACDSee，你可以从数码相机和扫描仪高效获取图片，并进行便捷的查找、组织和预览。ACDSee 支持超过 50 种常用多媒体格式，能快速、高质量地显示图片，配以内置的音频播放器，还可以播放精彩的幻灯片。ACDSee 还能处理如 MPEG 之类常用的视频文件。此外 ACDSee 能轻松处理数码影像，拥有去除红眼、剪切图像、锐化、浮雕特效、曝光调整、旋转、镜像等功能，还能进行批量图片处理。

ACDSee 2009 版本的特点如下。

（1）快速查看图片

ACDSee 相片管理器 2009 可以快速查看和寻找相片，修正不足，并通过电子邮件，提供打印和免费在线相册。ACDSee 2009 是最快的浏览图片软件。让图片适合屏幕尺寸，通过缩略图查看图片，并且全屏查看。另外，通过 ACDSee 方便的 Quick View 功能，可以快速查看电子邮件附件或桌面文件。

（2）整理图片

让图片变得有序，从相机或者其他存储设备中导入图片时，可增加关键字和评级，编辑数据和创建属于自己的类别。按照个人喜好给图片指定尽可能多的类别却不会占用计算机更多的空间。一次性对图片批量重命名，旋转和调整大小。

（3）方便查找

使用日历或事件查看来浏览相片，无论是生日派对、度假旅行或其他特殊的场合，通过 ACDSee 软件，即使拥有成百上千张收藏相片，也不会丢失某一张相片。

（4）完美的图片记忆

以最好的光线展示相片。即时调节曝光，修复红眼和杂点等常见的问题，清除分散的物体。通过单击就可以修改太浅或者太深的相片。可以撰写文字，添加简介，或者应用艺术效果，例如深褐色、彩色玻璃或粉笔画等。甚至可以调整相片中的指定区域，例如一朵鲜花或人群中的某一张脸。同时保存一份原始文件的副本，可以随时恢复原图片。

（5）查看、浏览和管理超过 50 种文件类型

得到广泛格式支持的音频、视频和图像包括 BMP、GIF、IFF、JPG、PCX、PNG、PSD、RAS、RSB、SGI、TGA 和 TIFF。

第 1 步　下载安装 ACDSee 软件

在 IE 浏览器的地址栏中输入"http://cn.acdsee.com/zh-cn/download/"，选择"官方下载"，在弹出网页窗口中单击"点击下载"按钮，将 ACDSee 2009 安装软件下载到指定位置，如下载到 D 盘"安装软件"文件夹中，如图 5.2.1 所示。

图 5.2.1　"建立新的下载任务"对话框

第 2 步　安装 ACDSee 软件

打开 D 盘"安装软件"文件夹，双击 ACDSee 文件，弹出"ACDSee Photo Manager

2009"安装向导，根据提示进行安装，如图 5.2.2 所示。安装完成后，弹出"ACDSee"工作界面，如图 5.2.3 所示。

（a）

（b）

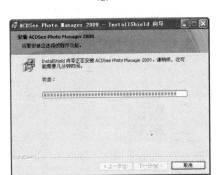

（c）

（d）

图 5.2.2　安装向导

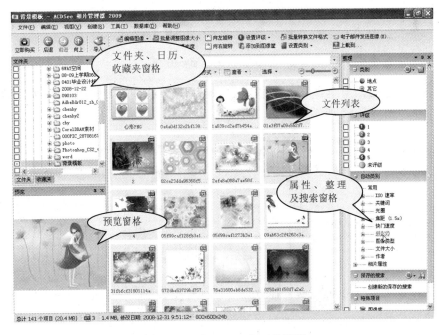

图 5.2.3　"ACDSee"工作界面

※使用 ACDSee

必备知识

- 文件列表：查看相片列图，对它们进行过滤、组合或排序。
- "文件夹"、"日历"及"收藏夹"窗格：按文件夹或日期浏览文件，或创建收藏夹来加快浏览速度。
- "预览"窗格：查看单击的任何缩略图的放大版。
- "属性"、"整理"及"搜索"窗格：查找并输入文件的元数据，指定文件的类别或评级，搜索文件并保存搜索结果，供日后再次使用。

第 1 步　浏览与查看图像

通过单击"文件夹"窗格中的任何文件夹都可以浏览缩略图。选择文件夹旁边的白色方框可以同时查看多个文件夹的内容，如图 5.2.4 所示。

图 5.2.4　浏览缩略图

通过单击"过滤"、"组合"、"排序"或"查看"下拉列表，可以重新排列缩略图以及给缩略图排序，如图 5.2.5 所示。

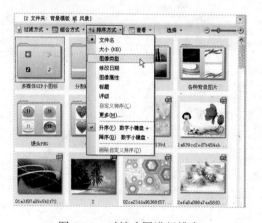

图 5.2.5　对缩略图进行排序

双击缩略图可以按实际大小查看图片，如图 5.2.6 所示。

图 5.2.6　按实际大小查看图片

按"Ctrl+S"键可以运行即时幻灯放映。

第 2 步　整理与查找图像

通过给相片评级、添加关键字以及创建自定义类别，可以整理相册，如图 5.2.7 所示。

要查找文件，使用"搜索"窗格进行复杂搜索。保存希望重复进行的搜索后，只需单击一下，便能再次从"整理"窗格中运行"保存的搜索"，如图 5.2.8 所示。

图 5.2.7　整理相册

图 5.2.8　搜索文件

第3步　优化相片

校正红眼与瑕疵等常见问题。采用艺术效果与自定义边框等手段，可以对相片进行修饰。

在处理图像时，首先双击该图像，打开查看窗口，在该窗口的工具栏中选择需要的工具，或在"修改"菜单中选择相应的命令，即可对相片进行修改处理，从而获得比较满意的效果。例如选择色阶调整，程序将打开色阶编辑面板，拖动左侧窗口中的滑块，即可调整图像的色阶，如图5.2.9所示。

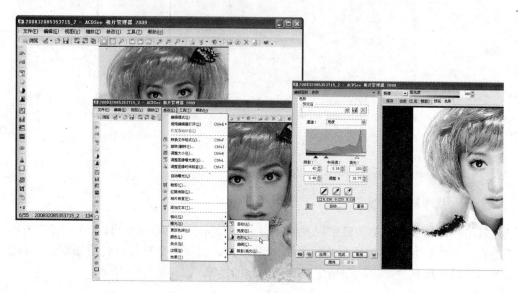

图5.2.9　调整图像的色阶

"ACDSee 相片管理器 2009"会在首次编辑原始图像时保存该图像，可以在任何时候通过选择"修改→恢复原始状态"将图像恢复为原始状态。

第4步　制作桌面墙纸

在 Windows 下工作，首先映入眼帘的就是桌面，给自己设计一个漂亮的桌面墙纸对于提高工作效率是很有帮助的，利用 ACDSee 同样可以将自己喜爱的图片存为一张墙纸，这样一旦所有的程序最小化，我们就可以看到自己喜欢的图片了。

具体方法是首先选中一张图片，选择"工具"菜单下的"设置墙纸"命令，此时会弹出子菜单，分别是"居中"、"平铺"和"还原"，其中"居中"表示正中放置图片，"平铺"表示平铺放置图片，"还原"为恢复原先 Windows 的墙纸设置，如图5.2.10所示。

第5步　用ACDSee制作电子相册

（1）首先建一个文件夹，然后将事先选择好的相片复制到这个文件夹中。

（2）统一图片尺寸。在 ACDSee 中选中该文件夹中的所有图片，单击"工具"菜单下的"调整图像大小"命令，在对话框中输入宽度、高度尺寸（比如可设为 800×600 像素），如图5.2.11所示。单击"确定"按钮，所有的相片都被调整到这一规格了。为了保证每一张图片都有很好的显示效果，最好是提前把每一张图片处理好，统一为一种尺寸之后放入待处理的文件夹中。

图 5.2.10　制作桌面墙纸

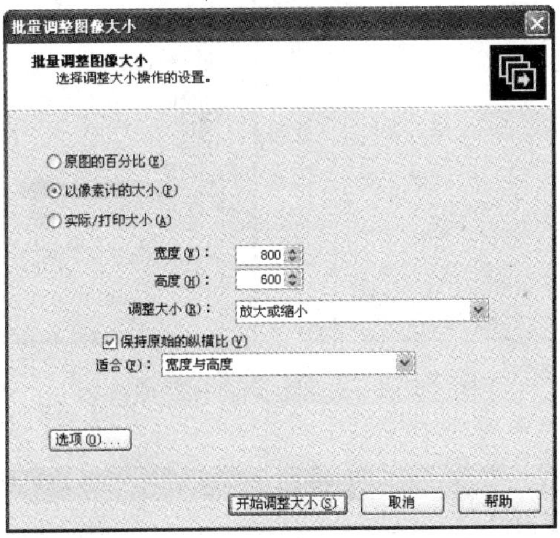

图 5.2.11　批量调整图像大小

（3）选择相册类型。在 ACDSee 中全选所有修改好的图片，单击"创建"菜单下的"创建幻灯放映文件"命令，将会看到 ACDSee 可以创建三种文件格式的幻灯片，第一种是可以在任何计算机上直接运行的.exe 格式，第二种是 Flash 动画（.swf 格式），第三种是 Windows 的屏保格式（.scr），可根据个人爱好和应用场合选择一种理想的文件格式，如图 5.2.12 所示。

这样电子相册的基本工序就制作好了，下面还可以为电子相册增加一些特殊效果。 在随后的对话框中首先确认所有需要的图片都已经被包含进来了，然后单击"下一步"按钮，来设定相片之间的转场特技，也就是相册播放时如何切换相片。为了让制作的电子相册有较好的视觉效果，建议选择"（随机）"并勾选"全部应用"，最后单击"确定"按钮，如图 5.2.13 所示。

（4）切换时间与背景音乐。考虑到观看效果，在"常规"标签中的"前进→自动"里的秒数不要少于 5 秒，同时勾选"常规"标签中的"杂项"选项中的"自动隐藏幻灯放映控件"。在"背景音频"中选择"循环播放音频"，在其下面"文件"中添加一首自己喜欢的歌曲作为背景音乐，如图 5.2.14 所示。

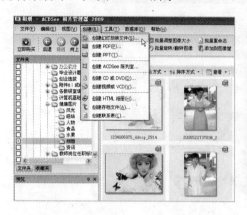
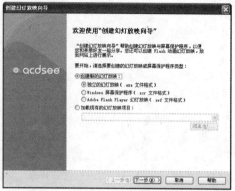

图 5.2.12　创建幻灯片类型

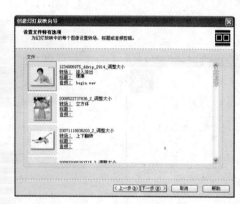

图 5.2.13　设置转场、标题或音频

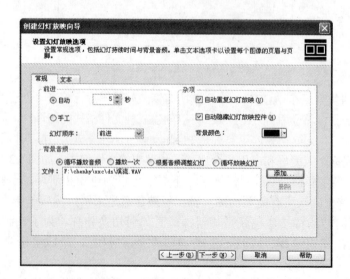

图 5.2.14　设置幻灯片放映选项

（5）保存电子相册。当完成上述操作之后，最后把电子相册文件保存，就完成了自己亲手制作的电子相册。然后就可以到相应的目录下打开自己的电子相册欣赏一番了。

即时训练

（1）使用"ACDSee 相片管理器 2009"将选中的 JPG 图片文件格式批量转换成`BMP 文件格式。

（2）使用"ACDSee 相片管理器 2009"将计算机里自己喜欢的图片制作成一个漂亮的屏幕保护程序。

 本章小结

本章主要介绍多媒体基础知识，通过对多媒体的基本概念、多媒体计算机系统硬件和软件的组成、多媒体特点的学习，以及 3 个工作任务的实施，能够熟悉多媒体常用设备,并能够举一反三，学会使用常用软件工具处理图片、音频、视频。

第6章 我的影片我制作——演示文稿软件应用

6.1 我型我秀——演示文稿的制作

任务1：制作捷达轿车宣传演示文稿

 知识技能目标

◇ 熟练掌握演示文稿的基本操作。

◇ 会对演示文稿进行编辑和修饰，从而达到美化效果。

📖 任务引入

老师：大家知道一个产品宣传演示文稿制作的关键是什么吗？

学生：关键是制作出丰富多彩、直观生动的演示文稿，能最大限度地吸引观众的注意力。

老师：你说的没错，这也正是我们要完成的任务。

学生：可是怎样做才能实现我们的目标呢？

老师：本次任务主要是制作一个汽车宣传的演示文稿（本节以捷达车为例，大家可以根据自己的爱好来选择车型），按这个任务单的要求去做，就能得到意想不到的收获。

学生：好的。

（1）熟悉 PowerPoint 2003 用户界面。

（2）熟悉演示文稿的基本操作，包括幻灯片的创建、选择、插入、复制、删除等操作。

（3）多媒体演示文稿的设计。

（4）给幻灯片添加必要的文字对象。

（5）合理运用自选图形设计幻灯片，实现幻灯片的美化功能。

（6）将图片插入幻灯片，并摆放在恰当的位置，制作出独具特色的演示文稿。

（7）多母版的创建和设置，例如可以将产品宣传文稿的片头、目录和片尾设置为统一的母版，将车型篇和发动机篇分别设置成另外两种不同的母版。

⌒ 任务分析

要完成上述工作，我们需借助 PowerPoint 的如下操作：

（1）演示文稿的基本操作。

（2）演示文稿的修饰。

（3）演示文稿对象的编辑。

（4）演示文稿的放映。

✑ 任务实施

※ **初识** PowerPoint 2003

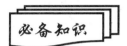

PowerPoint 2003 是 Office 软件套件中流行的商务和 Internet 演示工具，它所提供的许多便捷、高效的工具可以帮助用户在短时间内创建更加专业、美观、实用的演示文稿，并以简明、清晰的方式表达出文稿内容。

第 1 步　启动 PowerPoint 2003

单击"开始"→"程序"→"Microsoft Office"→"Microsoft Office PowerPoint 2003"选项，启动 PowerPoint 2003，如图 6.1.1 所示。

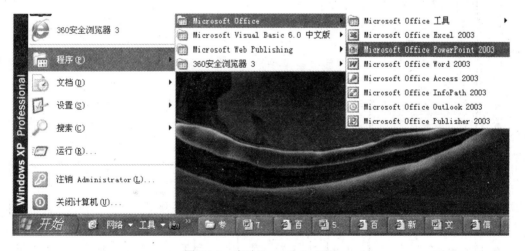

图 6.1.1　启动 PowerPoint 2003

第 2 步　熟悉 PowerPoint 2003 的用户界面

PowerPoint 2003 用户界面如图 6.1.2 所示。

图 6.1.2　PowerPoint 2003 用户界面

必备知识

PowerPoint 2003 用户界面介绍如下。

● 标题栏：显示软件名称和当前正在编辑文档的名称，其右侧是常用的最小化、最大化和关闭按钮。

● 菜单栏：通过展开其中的每一条菜单，选择相应的命令项，完成演示文稿的所有编辑操作。

● 常用工具栏：该工具栏设置了一些最为常用的命令按钮，方便用户调用。

● 格式工具栏：将用来测试演示文稿中相应对象格式的命令按钮集中在该工具栏上，方便用户调用。

● 大纲区：在本区中，通过大纲视图或幻灯片视图，可以快速查看整个演示文稿中的任何一张幻灯片。

● 工作区：编辑幻灯片的工作区，制作出一张张图文并茂的幻灯片，并在工作区中展示出来。

● 备注区：用来编辑幻灯片中的一些备注部分。

● 任务窗格：这是 PowerPoint 2003 新增的功能，利用这个窗口，可以完成编辑演示文稿的一些主要工作任务。

● 绘图工具栏：利用绘图工具栏中的按钮快速绘制出需要的图形。

● 状态栏：记录并显示当前的工作状态，包括显示相应的视图模式、幻灯片编号等。

● 视图切换按钮：幻灯片视图分为普通视图、幻灯片浏览视图、幻灯片放映视图、幻灯片备注页视图、大纲视图和幻灯片视图六种，视图切换按钮是在前三种视图之间进行切换的按钮。

第 3 步　认识 PowerPoint 2003 的视图

必备知识

　　为了方便用户编辑演示文稿的各组成部分和放映幻灯片，PowerPoint 2003 设置了普通视图、幻灯片浏览视图、幻灯片放映视图、备注页视图、大纲视图和幻灯片视图六种。在不同的视图中，按不同方式显示文稿，用户可在相应的视图中完成演示文稿的特定操作。

　　幻灯片视图有两种切换的方式，一种是通过窗口左下角的幻灯片视图切换按钮来实现；另一种是通过"视图"菜单来实现，分别如图 6.1.3、图 6.1.4 所示。

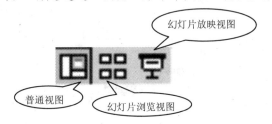

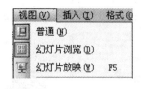

图 6.1.3　幻灯片视图切换按钮　　　　　　　　　　图 6.1.4　幻灯片视图菜单

　　幻灯片视图中三种比较常用的视图介绍如下。

　　普通视图主要进行编辑操作，可用于撰写或设计演示文稿。它包含三个工作区域，左边是用来切换"大纲"视图状态和"幻灯片"视图状态的选项卡；右边是"幻灯片"窗格，用来显示当前幻灯片；底部是"备注"窗格。该视图为默认视图，一般情况下，制作幻灯片文稿均在该视图中进行，如图 6.1.5 所示。

普通视图

图 6.1.5　普通视图

幻灯片浏览视图

在这种视图下，可以复制、删除幻灯片，调整幻灯片的顺序，可以在屏幕上同时看到演示文稿中的所有幻灯片的缩小图，但不能对幻灯片的内容进行编辑，如图 6.1.6 所示。

图 6.1.6　幻灯片浏览视图

幻灯片放映视图

在这种视图下，可以审视每一张幻灯片的播放效果。同时，它也是实际播放演示文稿的视图。

第 4 步　学会 PowerPoint 2003 的退出

PowerPoint 2003 的三种退出方法如下。
方法一：单击"文件"→"关闭"命令。
方法二：双击窗口标题栏左端的控制菜单图标"⬛"。
方法三：单击窗口标题栏右边的"关闭"按钮。

※演示文稿的设计

该过程为演示文稿整体框架设计过程，一个成功的演示文稿，和盖大楼一个道理，必须得有设计师的独特设计，才能制作出完美的作品。

根据上一步资料的收集和素材的积累，以及对产品的了解程度，我们对该任务进行进一步的分析。

在制作"捷达"轿车产品宣传演示文稿中，主要围绕"捷达"产品主题分别介绍了"车型"和"发动机"两部分，既然是产品介绍，因此要从各个方面考虑如何将产品的特点更好地表现出来。包括图片、文字、色彩搭配，等等。

因此，我们给这个实例设计了 11 个幻灯片，其中，第 1 张和最后 1 张幻灯片是片头和片尾；第 2 张是幻灯片的目录页，并在目录页中做了必要的链接，从而方便快捷地在各幻灯片中切换，便于浏览者有选择地观看；第 3 张至第 10 张为幻灯片的主体部分，分别从"捷达"轿车的"车型篇"及"发动机篇"两部分进行介绍。众所周知，任何一个产品，除了车型美观外，更主要的是实用，轿车在这方面表现得更为突出。无论是哪一个人，在选定轿车的车型后，还要考虑的是它的安全性、耐用性、每小时的耗油量等指标，这些指标与发动机有着直接的关系，因此，又增加了一个发动机篇，根据地域的差异对这方面的技术指标要求各异，因为"捷达"轿车非常适合在东北地区使用，因此，本实例选择了"捷达"作为宣传产品。

※演示文稿的制作

必备知识

制作幻灯片的步骤如下：
- 创建新演示文稿；
- 添加幻灯片并向幻灯片中添加各种对象；
- 设置统一的风格；
- 设定动画效果；
- 设定超链接；
- 添加多媒体效果；
- 播放演示文稿；
- 保存演示文稿。

第 1 步　创建新的演示文稿

方法一：创建空白演示文稿

启动 PowerPoint 2003 后，系统将自动新建一个默认文件名为"演示文稿 1"的空白演示文稿，单击任务栏中的"新建演示文稿"项，窗口右边弹出"新建演示文稿"任务窗格，如图 6.1.7 所示。

单击任务窗格的"新建"栏中的"空演示文稿"链接，系统自动打开"幻灯片版式"任务窗格，如图 6.1.8 所示。

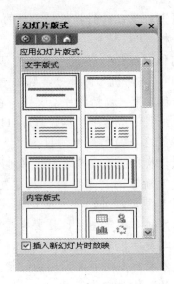

图 6.1.7　"新建演示文稿"任务窗格　　　　　图 6.1.8　"幻灯片版式"任务窗格

必备知识

系统提供了"文字版式"、"内容版式"、"文字和内容版式"和"其他版式"4 种类型的自动版式。单击一种需要的版式，在视图区便可打开对应版式的幻灯片。

创建好空白演示文稿后，只需按照版式的样式，在对应的图文框中输入文字或插入图片即可完成一张幻灯片的制作。要继续新建幻灯片，可单击格式工具栏上的"新幻灯片"按钮。

选择一款自己需要的"幻灯片版式"，本实例中首先选择最常用的"文本版式"→"标题幻灯片"版式。

方法二：使用模板创建演示文稿

必备知识

PowerPoint 2003 有"演示文稿"和"设计模板"两种不同类型的模板，利用它们可以快速创建演示文稿。

"演示文稿"模板是针对标准类型演示文稿而设计的框架结构，包括诸如"财务状况"、"产品概述"、"公司会议"等数十个项目。这些模板可就相关类型的演示文稿创建过程中的要点，提出一些通用性的建议。

在"新建演示文稿"任务窗格中选择"本机上的模板"链接。

弹出"新建演示文稿"对话框，单击"演示文稿"选项卡，如图 6.1.9 所示。

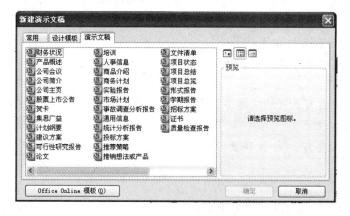

图 6.1.9　"演示文稿"选项卡

双击其中一个项目，或者单击某个项目，将其选定后，再单击"确定"按钮，即可自动产生一组与项目主题相关的幻灯片框架结构。

第 2 步　设计模板

在"新建演示文稿"对话框中，选择"设计模板"选项卡，可以帮助用户为一整套幻灯片应用一组统一的设计和颜色方案，如图 6.1.10 所示。

图 6.1.10　"设计模板"选项卡

说明：针对本例只需要新建一个系统默认的演示文稿，程序会自动建立一张"标题版式"的幻灯片。

第 3 步　编辑幻灯片

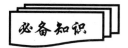

在幻灯片的制作过程中，灵活运用幻灯片的编辑，即幻灯片的选择、插入、复制、移动和删除功能，可以使我们的操作更加快捷、方便，在制作下一张幻灯片之前，我们需要了解编辑幻灯片的各种操作。

（1）选择幻灯片，可在幻灯片浏览视图或在普通视图中进行。

选择幻灯片的三种方式如下：

① 选择单张幻灯片。单击要选择的幻灯片，此时被选中的幻灯片四周出现蓝色的框。

② 选择多张幻灯片。先单击第一张被选择的幻灯片，再按住"Shift"键，同时单击最后一张要选择的幻灯片，可选择连续的多张幻灯片；如果想选择不连续的多张幻灯片，可以借助"Ctrl"键来选择。

③ 选择全部幻灯片。可以单击"Ctrl+A"组合键，也可以选择"编辑"→"全选"命令。

（2）插入新幻灯片。

首先选中要插入新幻灯片位置之前的幻灯片，然后插入。

插入新幻灯片常用的方法有以下三种：

① 单击工具栏中的"新幻灯片"按钮。

② 选择"插入"→"新幻灯片"命令。

③ 按回车键。

（3）复制幻灯片。

如果用户需要复制一张幻灯片可以采用如下方法：

① 选择"复制"→"幻灯片副本"命令。

② 使用"复制"与"粘贴"按钮。

③ 按住"Ctrl"键，使用鼠标拖动要复制的幻灯片到相应的位置。

（4）移动幻灯片。

选择要移动的幻灯片，按住鼠标左键将其拖动到相应的位置。

（5）删除幻灯片。

选择要删除的一张或多张幻灯片，单击"Delete"键，或者选择"编辑"→"删除"命令。

第4步　添加文字对象

在制作该实例中，首先要把文字添加到幻灯片中。

必备知识

在 PowerPoint 中添加文字对象有四种方法，即占位符、自选图形中的文本、文本框中的文本以及艺术字文本。

输入占位符中的文本（例如标题或项目符号列表）可在幻灯片或"大纲"选项卡中进行编辑，而文本框中的文本和艺术字文本不出现在"大纲"选项卡中，因而只能在幻灯片中进行编辑。

当我们要创建自己的模板时，占位符就显得非常重要，它能起到规划幻灯片结构的作用。

方法一：使用占位符添加文字

顾名思义，占位符就是先占住一个固定的位置，等着你往里面添加内容。它在幻灯片上表现为一个虚框，虚框内部往往有"单击此处添加标题"和"单击此处添加副标题"之类的提示语，一旦鼠标点击之后，提示语就会自动消失。新建内容页也一样，只不过把副标题改成了添加文本而已，如图 6.1.11 所示。

当我们要创建自己的模板时，占位符就显得非常重要，它能起到规划幻灯片结构的作用。

图 6.1.11　幻灯片中的占位符

为幻灯片片头添加文字。在已建立好的"标题版式"的幻灯片上，中间的"标题占位符"中直接输入"捷达 Jetta"文字，在下方的"副标题占位符"中输入"一汽大众轿车"文字，如图 6.1.12 所示。

图 6.1.12　在新建幻灯片的占位符中输入文字

设定幻灯片中文字的格式，为了突出"捷达 Jetta"品牌，可以为文字添加阴影。选中标题文字，单击"绘图"工具栏中的"阴影样式"按钮，在弹出面板中选择"阴影样式 5"效果，标题随即添加了阴影效果。

分别为标题文字中的中文与英文和副标题文字设定"华文隶书"字体、"Arial"字体和"华文琥珀"字体；标题文字的字号和副标题文字的字号分别为"120"和"48"；同时将文字颜色设置为深蓝色。调整位置后，如图 6.1.13 所示。

图 6.1.13　第 1 张幻灯片的文字效果

　　第 1 张幻灯片设定完成后，选择"插入"→"新幻灯片"或者单击"格式"工具栏中的"新幻灯片"按钮，创建第 2 张幻灯片。新幻灯片建立出来后会自动选择"标题和文本"幻灯片版式。

　　在幻灯片的标题占位符上输入"目录"文字，在下面的文本占位符中输入后面幻灯片中的标题文字（如果整个演示文稿的目录还不明确的话，可以最后来制作该幻灯片）。

　　为第 2 张幻灯片进行格式美化，主要原则是使版面更加清晰明了，能了解到整个幻灯片的主要内容。为了增加美观，选择"格式"→"项目符号和编号"命令，打开"项目符号和编号"对话框，单击"自定义"按钮，对项目符号进行自定义设置，设置完成后再对文字字体、字号进行调整，如图 6.1.14 所示。

图 6.1.14　为第 2 张幻灯片添加项目符号

　　说明：可以对相关部分设置超链接的功能，也可以到最后的步骤设定。

方法二：使用文本框插入文字

必备知识

　　使用文本框可以将文本放置到幻灯片的任何位置。例如，可以创建文本框并将它放在图片旁边，再将标题添加到图片中。而且，如果要将文本添加到自选图形上而不附加到图形中，使用文本框非常方便。同时，文本框具有边框、填充、阴影和三维效果，而且可以更改它的形状，因此，灵活运用文本框插入文字，更方便、更快捷。

　　第 3 张幻灯片中介绍的是"捷达轿车"的发展历程，该幻灯片主要是以文字为主体，因此，我们采用的是第 3 种输入文字的方法——文本框，具体步骤如下：

　　选择"幻灯片版式"任务窗格中的"内容版式"中的空白幻灯片，单击鼠标右键，选择"插入新幻灯片"，即可在演示文稿中插入一个空白幻灯片。

　　选择"插入"→"文本框"→"水平"命令，或者单击"绘图"工具栏中的"文本框"按钮，在第 3 张幻灯片上插入两个水平文本框。一个作为标题，另一个作为文本输入框。在该文本框中输入相关信息，并对该幻灯片中的文本进行设置，最终效果如图 6.1.15 所示。

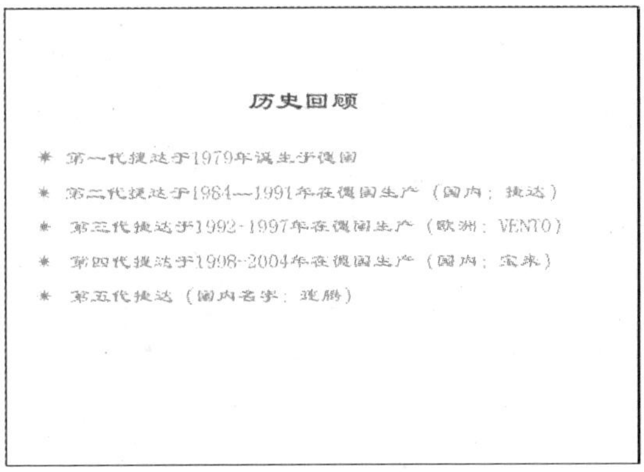

图 6.1.15　通过文本框为第 3 张幻灯片添加文字

方法三：使用自选图形插入文本

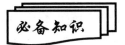

自选图形（例如标注气球和方块箭头）可用于显示文本信息。在自选图形中输入文本后，文本被附加到图形中，并随着图形移动或旋转。

自选图形插入的方法有以下两种。

方法一：打开"绘图"工具栏中的"自选图形"下拉选项，可以选择形状各异的线条、连接符、基本形状、箭头总汇、流程图、星与旗帜、标注、其他自选图形等图形。

方法二：选择"视图"→"工具栏"→"自选图形"命令，或者在菜单栏中任意处单击鼠标右键，在弹出的下拉菜单中将"自选图形"项前面打上对勾，就会弹出如图 6.1.16 所示的"自选图形"工具栏。

图 6.1.16　"自选图形"工具栏

备注：在如图 6.1.16 所示的工具栏中所有按钮分别代表方法一中的各个选项。具体用法，在自选图形应用中将有详细介绍。

在第 8 张幻灯片中，我们采用的是自选图形的方式输入的文字。

选择"绘图"→"自选图形"→"基本图形"中的"立方体"，在新添加幻灯片中绘制出一个长方体，放在幻灯片中。

复制已经绘制完成的立方体，放在幻灯片的另一处，将两个立方体分别排放在幻灯片的不同位置。

选中第一个立方体，单击鼠标右键，选择"添加文本"命令，输入"德国大众速腾"文字。用同样的方法，在第二个立方体上输入"一汽大众速腾"文字。

设置所输入的文字的字体、字号，并将其与立方体的大小相当，其效果如图 6.1.17 所示。

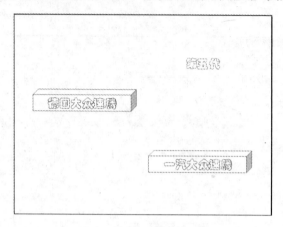

图 6.1.17　使用自选图形添加文字

备注： 自选图形其他用法在自选图形设计中将有详细介绍。

方法四：使用艺术字插入文本

通过插入艺术字来设计片尾幻灯片的文字，在片尾幻灯片中，需要插入两个艺术字，可分别使用两种不同的插入艺术字的方法来完成。

选择"插入"→"图片"→"艺术字"命令，弹出"艺术字库"对话框，如图 6.1.18 所示。

图 6.1.18　"艺术字库"对话框

选中一种样式后，单击"确定"按钮，打开"编辑'艺术字'文字"对话框，输入"汽车价值的典范"如图 6.1.19 所示。

确定后，单击"绘图"工具栏中的"填充颜色"按钮，选择"填充效果"，将"填充效果"设置为"预设颜色"中的"红日西斜"，如图 6.1.20 所示。

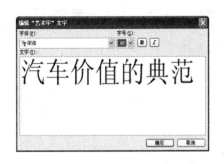

图 6.1.19 插入片尾幻灯片中的艺术字

图 6.1.20 填充颜色设置

确定后，单击"艺术字"工具栏中的"艺术字形状"按钮，选择"双波形 1"效果。

单击绘图工具栏中的"插入艺术字"按钮，弹出"艺术字库"对话框。用此方法插入艺术字"JETTA"，设置艺术字字体为"Arial Unicode MS"，再设置适当的字号、字体颜色。

单击"绘图"工具栏中的"阴影样式"按钮，选择"阴影样式 12"的效果。

调整好已经设置完的两个艺术字大小，并将其定位在合适位置上，整体效果如图 6.1.21 所示。

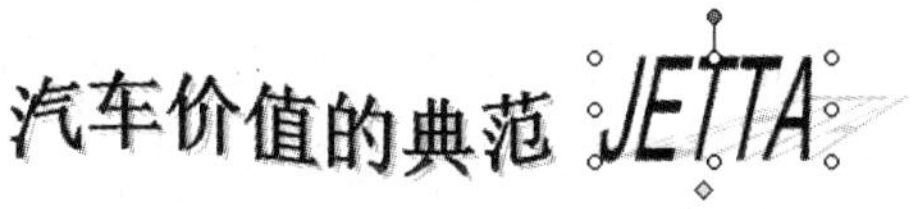

汽车价值的典范 JETTA

图 6.1.21 艺术字效果

注意： 选中插入的艺术字，在其周围出现黄色和绿色的控制柄，拖动黄色控制柄，可以调整艺术字的外形，拖动绿色控制柄，可以对艺术字进行旋转。

文字幻灯片全部完成后，下面就来制作图片幻灯片。为了幻灯片的对象布局合理、美观，可借助插入自选图形及剪贴画来设计幻灯片版式。

第 5 步 自选图形的应用

绘图工具栏

自选图形就是"图形"工具栏中的"直线"、"箭头"、"矩形"、"椭圆"以及"自选图形"按钮中"流程图"、"箭头总汇"和"星与旗帜"等可以自己在文档中绘制的图形图案。

自选图形除了有显示文本的作用外，而且提供了大量的形态各异的图形，更重要的是利用它们还可以起到分隔幻灯片、实现对象排版等自定义幻灯片版式的效果。

单击"绘图"工具栏中的各个按钮，可以快速地绘制图形和编辑图形。单击"视图" → "工具栏" → "绘图"命令，可弹出"绘图"工具栏，如图 6.1.22 所示。

图 6.1.22 "绘图"工具栏

PowerPoint 2003 中的绘图工具栏中包含了 21 个绘图工具按钮，其中有 13 个基本绘图按钮和 8 个修饰绘图按钮，下面分别对基本绘图按钮和绘图修饰按钮及功能进行介绍。

13 个基本绘图按钮如下。

- "绘图"下拉按钮：单击此按钮，将弹出一个下拉菜单，通过选择菜单中的相关选项，可以对图形进行组合、改变叠放顺序、对齐和翻转等操作。
- "选择对象"按钮：选定并编辑对象。即单击该按钮，然后移动鼠指针到幻灯片中，可以看到鼠标指针变成了一个选定箭头形状，单击某个图形对象，即可选定该对象，要选中多个图形对象，可以在要选中的对象上拖动鼠标进行框选。
- "直线"按钮：绘制直线。
- "箭头"按钮：绘制箭头。
- "自选图形"下拉按钮：单击此按钮，将弹出一个下拉菜单，其中列出了中文版 PowerPoint 2003 提供的丰富的自选图形。
- "矩形"按钮：绘制矩形和正方形。
- "椭圆"按钮：绘制椭圆。
- "文本框"按钮：在图形附近添加文本，此按钮用来添加横排文本。
- "竖排文本框"按钮：在图形附近添加竖排文本。
- "插入艺术字"按钮：在图形中插入艺术字。
- "插入组织结构图或其他图示"按钮：为幻灯片添加组织结构图等图示。
- "插入剪贴画"按钮：插入 PowerPoint 2003 图库或 Windows 图库中自带的图形。
- "插入图片"按钮：单击该按钮，将弹出"插入图片"对话框，可以从外部文件中选择一幅图片插入到幻灯片中。

8 个修饰绘图按钮如下。

- "填充颜色"按钮：改变图形的填充颜色或者从图形中删除填充颜色。
- "线条颜色"按钮：改变图形的线条颜色或者从图形中删除线条颜色。
- "字体颜色"按钮：改变图形中字体的颜色或者从图形中删除字体的颜色。
- "线型"按钮：改变一根线条的粗细。
- "虚线线型"按钮：选择虚线的类型，或把所选定的线条改变为虚线。
- "箭头样式"按钮：选择箭头的类型，或给所选定的直线，弧线或封闭的不规则线条增加箭头。
- "阴影样式"按钮：增加或删除选定封闭部分的阴影。
- "三维效果样式"按钮：给选定的图形增加三维效果、该按钮为 PowerPoint 2003 的"绘图"工具栏中新增加的功能。

本实例中有 4 张幻灯片用到了自选图形，这 4 张幻灯片都是图文混排，其中第 8 张在第 2 步中已经介绍过，主要侧重利用自选图形输入文本的功能进行介绍。下面我们来看一看自选图形在剩余 3 张幻灯片中是如何起到排版作用的。

直线的应用

绘制直线的方法如下：

- 单击"绘图"工具栏中的"直线"按钮（如果双击该按钮的话，就可以连续在幻灯片中绘制许多直线）。
- 将鼠标光标移动到幻灯片视图中。此时，光标变成一个"十"字。把这个"十"字光标的中心点定位在这张幻灯片左侧某一个位置。
- 按住鼠标左键，向幻灯片右侧方拖拽，松开鼠标按键就可以绘制一条直线。

选择当前第 3 张幻灯片，然后新建一张幻灯片，这样就在原来的第 3 张与第 4 张之间加入了一张空白幻灯片。

选择"幻灯片版式"窗格中的"空白"版式，去掉幻灯片中自带的文本占位符。

单击"绘图"工具栏中的"直线"工具按钮，在幻灯片中下方绘制一条直线。

选中所画的直线，选择"绘图"工具栏中"线型"按钮，将线条粗细改为 3 磅，再利用"绘图"工具栏中"线条颜色"按钮，将颜色设置为浅蓝色，"线型"菜单、"线条颜色"菜单及设置完成的直线效果如图 6.1.23～图 6.1.25 所示。

图 6.1.23　"线型"菜单　图 6.1.24　"线条颜色"菜单　　图 6.1.25　设置完成有直线效果

基本图形的应用

以弧形绘制方法为例介绍一下基本图形的绘制方法：

- 选择"绘图"→"自选图形"→"基本形状"→"弧形"图形。
- 将鼠标光标移动到幻灯片视图中。此时，光标变成一个"十"字。把这个"十"字光标的中心点定位在幻灯片左上角。

● 按住鼠标左键，向幻灯片右下角拖拽，松开鼠标左键，绘制出一条半圆弧。

说明：可以通过各种控制点调整弧线的角度、大小和形状，其中"绿色"控制点控制旋转，"花色"控制点控制形状，"白色"控制点控制大小。

再在下方添加一张新的幻灯片，并将其版式设置成"空白"，然后选择"绘图"→"自选图形"→"基本形状"→"弧形"图形，如图 6.1.26 所示。

在幻灯片的右下角单击鼠标左键，将鼠标向左上角拖拽，松开鼠标左键，便绘制出一条弧线，如图 6.1.27 所示。

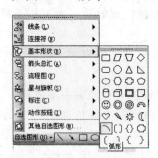

图 6.1.26　自选图形——基本形状菜单

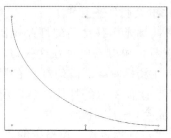

图 6.1.27　绘制弧线

曲线的应用

同时可以采取另一种绘制弧线的方法，即绘制曲线，调整成弧形。

必备知识

绘制曲线的方法如下：

● 选择"绘图"→"自选图形"→"线条"→"曲线"图形。
● 将鼠标光标移动到幻灯片视图中。此时，光标变成一个"十"字。把这个"十"字光标的中心点定位在幻灯片左侧的某一个位置。
● 按住鼠标左键，向幻灯片右侧方拖拽，再次单击鼠标左键，继续向某一方向拖拽，依此类推，直到终止曲线时，双击鼠标左键，即绘制出一条弯弯曲曲的曲线来，如图 6.1.28 所示。

选择"绘图"→"自选图形"→"线条"→"曲线"图形，如图 6.1.29 所示。

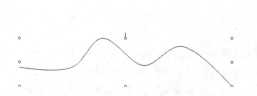

图 6.1.28　曲线的绘制效果　　　　　图 6.1.29　自选图形——线条菜单

从幻灯片的左上角单击鼠标左键，绘制一条与弧形相似的曲线。

通过调整曲线的角度、大小和形状，直到满意为止。

再设置弧线的线型为"3 磅"，设置弧线的颜色为浅蓝色，最后在幻灯片中添加文字，如图 6.1.30 所示。

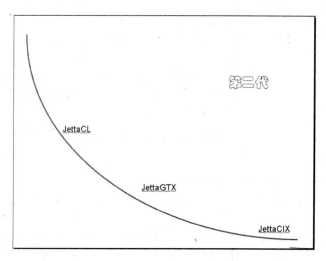

图 6.1.30　设置完成后的弧线效果

再添加下一张带有自选图形的幻灯片，同样将版式设置为"空白"。

利用"直线"工具将幻灯片添加带有"阶梯"效果的图形，设置其"线型"为"3 磅"，设置其"线条颜色"为浅蓝色。最后在幻灯片中添加所需的文字，完成后效果如图 6.1.31 所示。

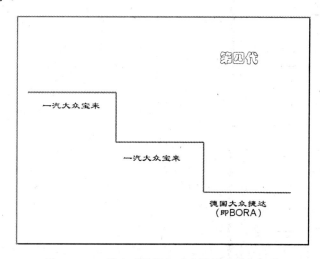

图 6.1.31　带有"阶梯"式自选图形的幻灯片

单击自选图形中的选定对象，将鼠标移到幻灯片左上角，单击鼠标左键，再向右下角拖拽，松开鼠标左键，图形被选中，单击鼠标右键，选择"组合"→"组合"命令，将所有图形结合成一个综合的图形，可以实现同时移动、改变大小和删除等操作，如图 6.1.32 所示。

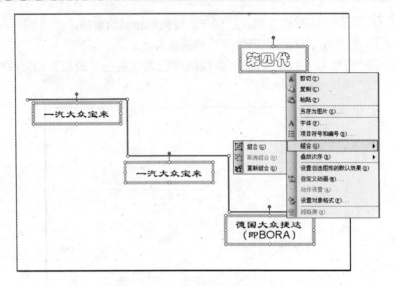

图 6.1.32　图形组合后的幻灯片

说明： 在需要对个别图形进行修改时，可以用同样的方法将组合取消，只要选择"组合"→"取消组合"命令即可；如果再添加新的图形，还可以选择"组合"→"重新组合"命令，将新添加的图形与前面的图形组合在一起。

第6步　剪贴画的应用

PowerPoint 2003 提供了丰富的剪贴画，这些图画通常用自选图形很难实现，即便绘制出来也不尽人意，这时就可以直接使用软件自带的剪辑库里的剪贴画来实现，会更美观、方便和实用。

剪辑库中包含很方便的查找功能，可以很快地找到适合需要的剪贴画，具体查找方法如下：

选择"插入"→"图片"→"剪贴画"命令，弹出"剪贴画"任务窗格。

- 在"搜索文字"文本框里输入所需要查找的剪贴画类型，例如，车。
- 在"搜索范围"下拉列表框里选择"所有收藏集"选项。
- 在"结果类型"下拉列表框里选择"剪贴画"选项。
- 单击"搜索"按钮，便可以显示出搜索的结果。

本实例中共有两张幻灯片使用了剪贴画，主要起修饰和美化版面的作用。在第 6 张幻灯片中插入了一片云朵，在"片尾"幻灯片中插入了一辆小汽车。

选中第6张幻灯片，选择"插入"→"图片"→"剪贴画"命令。

在弹出"剪贴画"任务窗格中的"搜索文字"文本框中输入"云"，单击"搜索"按钮，在搜索出来的云朵中选择一朵云，插入到幻灯片中，并将云朵移到合适的位置。

选中"云"，单击鼠标右键，在弹出的菜单中选择"添加文本"命令，输入"改动不大的它，没有打入中国"文字。

在幻灯片的右上角，添加一个文本框，输入"第三代"，设置相应的字体及颜色，最终效果如图 6.1.33 所示。

选择"片尾"幻灯片，用同样的方法，插入一辆小汽车，所不同的地方就是在"剪贴画"任务窗格中的"搜索文字"文本框中输入"车"，这样就可以搜索出所有与车相关的图片，插入后将其放入恰当的位置。

再添加一个文本框，输入"空调好、油耗低、皮实耐用"具有捷达特色的文字，设置好字体、字号与颜色，使之与整个画面具有良好的协调效果，如图 6.1.34 所示。

图 6.1.33　插入剪贴画"云"及文本框后的效果　　　图 6.1.34　插入剪贴画后的"片尾"幻灯片

第 7 步　图片的应用

必备知识

图片对象是 PowerPoint 演示文稿中一个非常常用的对象，几乎所有的演示文稿中都会用到。除了插入一些 PowerPoint 自带的图片之外，还可以插入自己的图片文件。

在幻灯片中插入图片的方法比较简单，但图片放置的位置却是很讲究的，包括图片大小和多少。幻灯片就像一张白纸，可以在任何位置插入图片，但是图片在靠上或靠下、放在文字左侧还是右侧、效果是不同的。同样的图片不同的布局，插入的效果是截然不同的。

本实例在前面制作了带有"自选图形"的幻灯片就是为插入图片做准备，一张带有一条"直线"、一张带有一条"弧线"、还有一张带有"阶梯形"的组合线，这三张幻灯片中均插入了三幅图片。在带有两个"立方体"的幻灯片中插入两幅图片。除此之外，还有三张以图片为主的幻灯片。

选中带有"直线"的幻灯片，选择"插入"→"图片"→"剪贴画"命令，分别插入三幅"第一代"捷达车的图片。

必备知识

为了将图片的底端对齐，可以借助"参考线"来实现。

参考线具有自动吸附功能，能将对象吸附到直线上，所以要做出"底端对齐"、"顶端对齐"、"中轴线对齐"等效果都可以使用它来操作，完成后将参考线去掉即可。

选择"视图"→"网格和参考线"命令，打开"网格线和参考线"对话框，在对话框中选中下方的"屏幕上显示绘图参考线"选项，如图 6.1.35 所示。

单击"确定"按钮，在每张幻灯片中间会出现一横一纵两条参考线。将横线拖至适当的位置上，分别将三幅图片以此参考线为基准移动到恰当的位置，这样就解决了图片的对齐问题，其效果如图 6.1.36 所示。

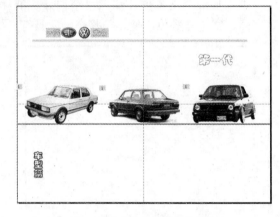

图 6.1.35　"网格线和参考线"对话框　　　　图 6.1.36　带有参考线的效果

分别选择另外几张带有自选图形的幻灯片，然后分别插入相应的图片，调整图片的位置及大小，如图 6.1.37 所示。

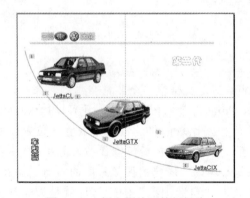

图 6.1.37　插入图片后的幻灯片

说明： 在向带有弧线自选图形的幻灯片中插入图片时，可以借助弧线的作用，将图片按照弧线边缘进行排列，增加图片排放的灵活性。

最后制作三张图片幻灯片。

其中一张幻灯片中只有一幅图片，目的是着重强调该款车型的别致之处，一幅图片既好安排，又难安排，就像我们写笔画简单的汉字一样，要想写好它还是有些难度的。说它好安排，只要插入进来就可以了，说它难安排是因为一幅图片会感觉太单调，因此，我们给它加了一个剪贴画的文字说明，这样起到了很好的点缀作用，如图 6.1.38 所示。

图 6.1.38 只有一幅图片的设计效果

另外两张幻灯片均有多幅图片，图片太少不好摆放，同样，图片太多也是个难题，如果摆放得太整齐，感觉会很死板，如果摆放得不规范，又容易造成杂乱无章的效果，我们应该根据图片的大小和内容特点来安排图片的位置，这两张幻灯片的效果如图 6.1.39 所示。

图 6.1.39 多幅图片的设计效果

到目前为止，已经将所有幻灯片的对象添加完成了，选择"视图"→"幻灯片浏览"命令，打开"幻灯片浏览"视图，便可以清楚地看到幻灯片的全貌，如图 6.1.40 所示。

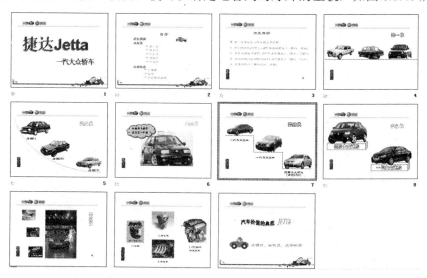

图 6.1.40 幻灯片对象全部插入完成的效果

第8步　幻灯片母版及多母版创建与设置

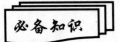

母版：规定了演示文稿（幻灯片、讲义及备注）的文本、背景、日期及页码格式。母版体现了演示文稿的外观，包含了演示文稿中的共有信息。每个演示文稿提供了一个母版集合，包括幻灯片母版、标题母版、讲义母版、备注母版等母版集合。

幻灯片母版：存储有关应用的设计模板信息的幻灯片，包括字形、占位符大小或位置、背景设计和配色方案。幻灯片母版的作用是控制每张幻灯片颜色和格式，设置可能在每张幻灯片中添加统一的对象，如图片、Logo、文字或者动画。设置了幻灯片的母版的效果有些像 Word 中的页眉和页脚，能够起到整体改变幻灯片风格的效果。在使用时只需要插入新幻灯片，就可以把母版上的所有内容继承到新添加的幻灯片上。幻灯片母版包含标题样式和文本样式。

标题母版：在标题幻灯片中可以设置标题幻灯片的主标题和副标题的格式。标题母版只作用于标题幻灯片，对其他版式的幻灯片不起作用。

用户可以使用标题母版更改演示文稿中使用"标题幻灯片"版式的幻灯片，"标题幻灯片"版式是"幻灯片版式"任务窗格中显示的第一个版式。

讲义母版：提供在一张打印纸上，同时打印 1、2、3、4、6、9 张幻灯片的讲义版面布局选择设置和"页眉与页脚"的默认样式。

备注母版：向各幻灯片添加"备注"文本的默认样式。

也就是说，你需要什么统一格式，只需编辑母版，该文件中所有的幻灯片都会统一应用其格式，当然你还可以将每一张幻灯片再进一步修改成你所需要的效果。

同时，也可以在一个幻灯片演示文稿中使用不同的幻灯片母版，即多母版的应用。

本实例在介绍"捷达"产品中，主要有三种类型的幻灯片，第一种包括片头、片尾和目录幻灯片；第二种介绍的是"捷达"轿车的"车型篇"幻灯片；第三种介绍了"捷达"轿车的"发动机篇"幻灯片。我们针对不同种类的幻灯片设置三个不同的幻灯片母版，实现各自不同的风格。

选择"视图"→"母版"→"幻灯片母版"命令，打开"幻灯片母版"视图，由于没有进行过设置，因此，默认为当前空白母版，如图 6.1.41 所示。

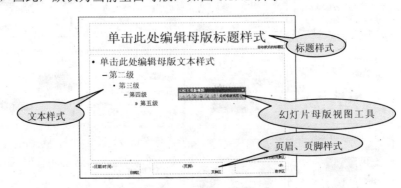

图 6.1.41　未设置的默认空白母版

首先设置片头、片尾和目录的幻灯片母版，改变标题、文本占位符的大小和位置，在母版的顶部空出一个位置，准备插入 Logo 和文字。

选择"插入"→"图片"→"来自文件"命令，插入"一汽大众"的 Logo 图片，调整图片的大小和位置，以适合整个版面。

选择"插入"→"文本框"→"水平"命令，插入两个水平文本框，分别输入"一汽"和"大众"文字。

设置两个文本框中文字的字体、字号、颜色等属性。

选中文本框，单击鼠标左键，选择"设置文本框格式"命令，打开"设置文本框格式"对话框，将两个文本框的填充颜色设置为"茶色"，如图 6.1.42 所示。

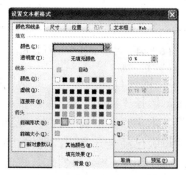

图 6.1.42 设置文本框格式

调整文本框及 Logo 的位置，将两个文本框分别放在 Logo 的左右两侧。

单击"绘图"工具栏中的"直线"按钮，在 Logo 及文本的下方画一条直线，将直线的"线型"设置为"3 磅"，颜色为"茶色"。

选择"插入"→"图片"→"来自文件"命令，在幻灯片页脚处插入一幅典雅的图片，最终效果如图 6.1.43 所示。

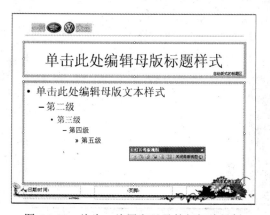

图 6.1.43 片头、片尾和目录的幻灯片母版

选择"插入"→"新幻灯片母版"命令，准备制作第 2 张幻灯片母版。

将第 1 张幻灯片母版中的 Logo、文字及直线选中，粘贴在第 2 张幻灯片母版中的同一个位置。

选择"绘图"工具栏中"插入艺术字"按钮，竖着输入"车型篇"，即一个字占一行，就可以实现竖排。设置艺术字的字体为"华文彩云"、字号为"24"号，颜色为"褐色"。

将艺术字放在幻灯片的左下角，效果如图 6.1.44 所示。

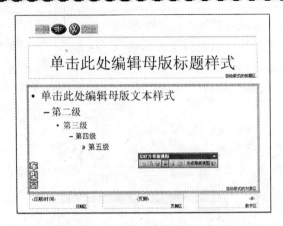

图 6.1.44　"车型篇"幻灯片母版

选中第 2 张幻灯片母版，单击鼠标右键，选择"复制"命令，再用鼠标单击第 2 张幻灯片母版的下方，单击鼠标右键，选择"粘贴"命令。

在第 3 张幻灯片母版中，将艺术字"车型篇"改为"发动机篇"即可。

这样三个不同效果的幻灯片母版已经全部完成，现将其应用于不同的幻灯片中。

单击"幻灯片母版"视图工具栏中的"关闭幻灯片母版"按钮返回。由于首先设计的是"片头"母版，因此，目前所有的幻灯片都应用了这个母版。

通过"Ctrl"键或者"Shift"键，选中所有应用第 2 张幻灯片母版的幻灯片。

单击"任务窗格"工具栏中的"设计"命令按钮，在打开的"幻灯片设计"窗格上方可以看到所有的母版，单击第 2 张幻灯片母版的缩略图右侧的箭头，在下拉菜单中选择"应用于选定幻灯片"命令，如图 6.1.45 所示。

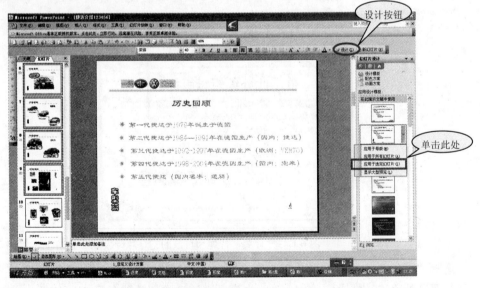

图 6.1.45　"应用于选定幻灯片"的母版

用同样的方法，应用第 3 张幻灯片母版。此时所有的幻灯片均根据自身的内容应用了不同的母版，效果如图 6.1.46 所示。

图 6.1.46　在"幻灯片浏览视图"中查看幻灯片母版的应用效果

现在看来制作，我们制作的幻灯片已经有很专业了。

第 9 步　幻灯片动画设置

任务窗格中的"幻灯片切换"面板如图 6.1.47 所示。

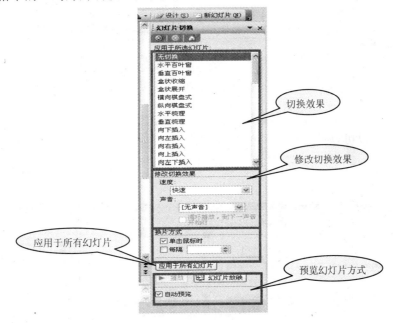

图 6.1.47　"幻灯片切换"面板

必备知识

- 在"换片方式"选项区中设置切换幻灯片的方式，选中"单击鼠标时"复选框，则单击鼠标左键时，演示文稿将切换到下一张幻灯片；选中"每隔"复选框，则可以在无人操作时，演示文稿定时切换到下一张幻灯片，用户也可以根据需要进行选择。
- 单击"应用于所有幻灯片"按钮，将当前幻灯片的切换设置应用于演示文稿中的所有幻灯片，否则只应用于当前选中的幻灯片。

● 单击"播放"或"幻灯片放映"按钮，预览幻灯片播放的效果。

在本例中，既有"标题"幻灯片，又有"目录"幻灯片，还有图片幻灯片等，种类比较多，因此可以根据实例的特点及内容，设定幻灯片切换动画效果。

打开第 1 张幻灯片，在幻灯片空白处单击鼠标右键，在弹出的快捷菜单中选择"幻灯片切换"命令，打开窗口右侧的"幻灯片切换"窗格，因为第 1 张幻灯片是"片头"，所以我们选择"动画列表"中的"新闻快报"旋转效果。

在"修改切换效果"选项区中的"速度"下拉列表框中选择"慢速"，"声音"下拉列表框中选择"照相机"，如图 6.1.48 所示。

图 6.1.48　"设置幻灯片"切换幻灯片的速度和声音

在"换片方式"选项区中，默认只选中了"单击鼠标时"选项，由于这张幻灯片是"片头"标题，所以可以通过设置"单击鼠标时"下面的"每隔（时间）"选项来让幻灯片自动进行切换，因此，将"每隔"前的复选框选中，然后在后面的时间中选择 3 秒即可，如图 6.1.49 所示。

图 6.1.49　"设置幻灯片"切换幻灯片的时间

必备知识

在"换片方式"选项区中的选项"单击鼠标时"的含义是当幻灯片放映时，只要单击鼠标就可换片播放下一张了，这个选项默认为选中状态；选项"每隔"的含义是在幻灯片进行自动切换时所间隔的时间。

将"目录"幻灯片设置成"向左推出"的切换效果，可以让观众一目了然。

将"历史回顾"幻灯片设置成"顺时针回旋，4 根轮辐"效果，有种历史车轮的感觉。

对"片尾"幻灯片不加任何切换效果，以示幻灯片结束。

其他幻灯片的切换动画设置，我们不规定具体的动画效果，用户可以根据自己的喜好去设置。

必备知识

"幻灯片浏览"视图的作用就是观看演示文稿的整体效果，在当前视图中可以对幻灯片进行复制或删除等操作，也可以观看动画预览，但是不可以对幻灯片中的内容进行修改。

全部幻灯片设置完成后，选择"视图"→"幻灯片浏览"命令，打开"幻灯片浏览"视图，可以看到除最后一张幻灯片外，每个幻灯片缩略图左下方都会显示一个标记"☆"，单击此标记可以在当前视图中看到预览效果，还可以看到第 1 张幻灯片下有时间间隔的显示，如图 6.1.50 所示。

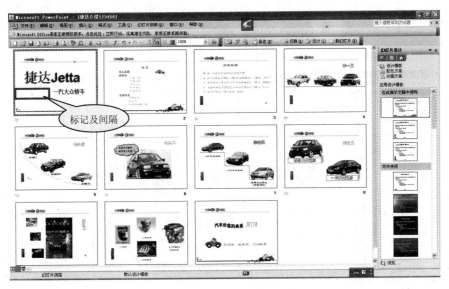

图 6.1.50　"幻灯片浏览"视图查看效果

自定义动画

必备知识

"自定义动画"是 PowerPoint 演示文稿制作的重点。光有好的文字、图片以及统一的母版，效果还不够，为了达到更强烈的视觉冲击力，还应该为每张幻灯片中的文字或图片对象制作动画效果，以增加演示文稿的趣味性。

进行自定义动画设置，用户可以更改幻灯片上对象的显示顺序以及每个对象的播放时间，以制作符合自己要求的动画效果。

设置自定义动画幻灯片的步骤如下。

在普通视图中，打开要为其中对象设置动画效果的幻灯片。

● 选定要设置动画的对象，单击"幻灯片放映"→"自定义动画"命令，或者在该对象上单击鼠标右键，在弹出的快捷菜单中选择"自定义动画"选项，将弹出"自定义动画"任务窗格。

● 单击"添加效果"下拉按钮，在弹出的下拉菜单中列出了"进入"、"强调"、"退出"、"动作路径"四种动画类型，在每一种类型的级联菜单中都包含了多种相应的动画效果。在"进入"、"强调"、"退出"中均有"其他效果"选项，在"动作路径"中有"其他动作路径"选项，这些选项都是在没有找到满意的动画效果时选择的，可以查看到或制作出更丰富的动画效果。

● 展开每项级联菜单，从各种效果中选择合适的效果。

● 单击"播放"按钮来预览幻灯片的动画，此时不需要单击动画序列。如果用户想要通过单击动画序列来播放动画，则可以单击"幻灯片放映"按钮。

本实例主要以文本和图片为主，所以在设定对象动画效果时应该根据它们的特点来进行设置。

选中第 1 张幻灯片，在"副标题文字"上单击鼠标右键，在弹出的快捷菜单中选择"自定义动画"命令，在 PowerPoint 窗口右侧会出现"自定义动画"任务窗格，如图 6.1.51 所示。

图 6.1.51　　"自定义动画"任务窗格

单击"自定义动画"任务窗格中的"添加效果"按钮，选择"进入"中的"其他效果"命令，打开"添加进入效果"对话框，选择下方"华丽型"中的"浮动"效果，如图 6.1.52 所示。

图 6.1.52　"添加进入效果"对话框

单击"确定"按钮后返回"自定义动画"任务窗格，在任务窗格中的动画栏中可以看到刚刚设定的动画。这个动画的默认属性是开始为"单击时"，速度为"快速"，如图 6.1.53 所示。

图 6.1.53　设置"副标题"的动画效果

单击"自定义动画"任务窗格中的"播放"按钮，可以看到第 1 张幻灯片的动画效果，因为曾经设置切换时间间隔为 3 秒，故 3 秒后自动出现副标题文字"浮动"的效果，如果没有上述的时间设置，则必须"单击"鼠标才能出现副标题的动画效果。

接下来设置第 4 张幻灯片自定义动画效果，因为第 4 张幻灯片由三幅图片组成，为了增添神秘感，我们先让中间的车型出现，随后左右两边的车同时出来。

选中第 4 张幻灯片，选择中间的图片，单击"自定义动画"任务窗格中"添加动画"→"进入"→"其他效果"命令，在弹出的"进入添加效果"对话框中选择"温和型"→"上升"效果，单击"确定"按钮。

同时选中左、右两幅图片，单击"自定义动画"任务窗格中"添加动画"→"进入"→"其他效果"命令，在弹出的"进入添加效果"对话框中选择"温和型"→"缩放"效果，单击"确定"按钮，此时的"自定义动画"任务窗格如图 6.1.54 所示。

可以在窗格的动画栏中清楚地看到，三个对象都添加了动画效果，但是第一个对象和第二个对象的动画"开始"属性均为"单击时"，而第三个对象的"开始"属性则为"之前"，原因是第二个对象和第三个对象是一起选中设置的。"之前"的意思是与上一个对象一起动。

　　将第二个对象动画的"开始"属性改为"之后"，目的是在上一个对象动画完成之后，自动播放动画，无须进行鼠标单击或人为控制。更改之后"自定义动画"任务窗格如图 6.1.55 所示。

图 6.1.54　未更改动画"开始"属性　　　　图 6.1.55　更改动画"开始"属性

　　单击"自定义动画"任务窗格中的"播放"按钮，浏览一下已设置好的动画整体效果。

　　接下来我们设置其他几个带有图片的幻灯片的"自定义动画"动画效果，在此不给出一定之规，大家可以根据自己的喜好来设置，只要能达到用户满意的效果即可，这里仅给出以下几点建议：

　　带有"弧线"的幻灯片，可以将三辆车的图片做成一同从右向左直线运动的效果。感觉三辆车好像在赛跑一样；之后将其下面的文字也同时显示出来。

　　将带有"一片云"的幻灯片，设置"添加效果"→"进入"→"浮动"效果，感觉真有一片云从空中飘落。

　　带有"阶梯型"的幻灯片是最值得一提的，我们可以借助楼梯的形状，让小轿车依次爬上楼梯，如图 6.1.56 所示。

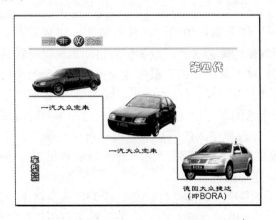

图 6.1.56　带有"阶梯型"自选图形幻灯片

　　要想实现这个效果，就要使用"自定义动画"中的"动作路径"。

先将最上方（左上角）的图片拖拽至幻灯片右下角的灰色区域（白色区域是幻灯片的放映区，四周灰色区域是幻灯片的编辑区，但是放映时看不到），如图 6.1.57 所示。

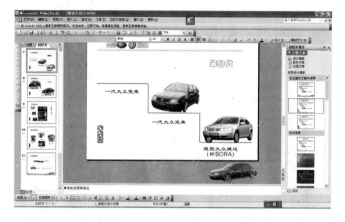

图 6.1.57　将图片移到编辑区

设置"添加效果"→"动作路径"→"向上"效果，调整路径的"起始点"和"终止点"，如图 6.1.58 所示。

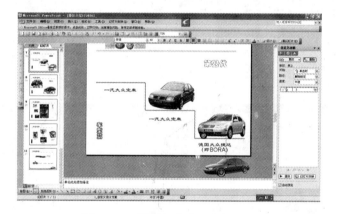

图 6.1.58　设置"向上"路径效果

再设置"添加效果"→"动作路径"→"向左"效果，如图 6.1.59 所示。

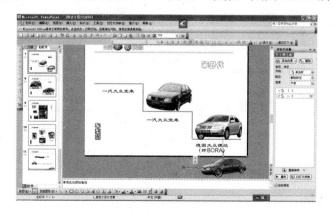

图 6.1.59　设置"向左"路径效果

单击"播放"按钮时会发现，小汽车先向上行驶一段，之后回到起始位置，再向左行驶，为了解决这个问题，我们将调整"向左"的路径，将其移动到"向上"路径的上方，如图 6.1.60 所示。

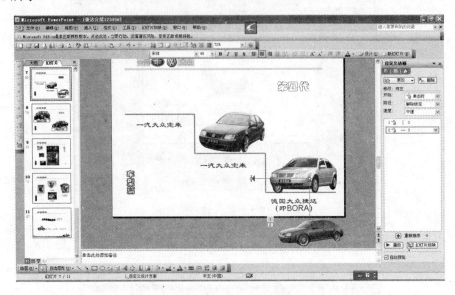

图 6.1.60　修改"向左"的路径后效果

　　再设置"动作路径"→"向上"和"动作路径"→"向左"的效果，如图 6.1.61 所示。

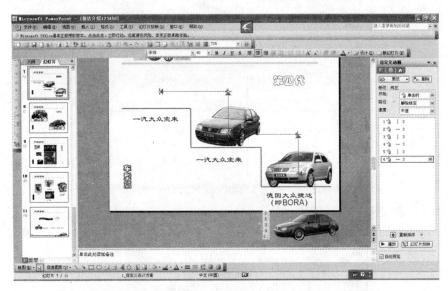

图 6.1.61　第 1 幅图片完整的爬楼梯"动作路径"效果

　　将第 2 幅和第 3 幅图片移至与第 1 幅图片重合的地方，设置第 2 幅图片的"动作路径"→"向上"和"动作路径"→"向左"的效果，最终爬到第 2 个台阶上；设置第 3 幅图片的"动作路径"→"向上"效果，最终结果如图 6.1.62 所示。

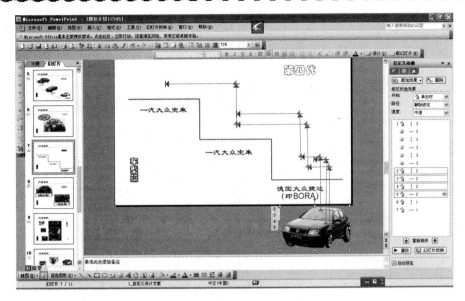

图 6.1.62 小汽车"爬楼梯"的完整效果

将第 2 幅和第 3 幅图片最开始的路径设置完成"之后",这样可以自动在第 1 幅图片爬到楼梯的第 3 层后;第 2 幅开始运动,直到第 2 层停止;接着第 3 幅图片运动到第 1 层即可。

第 9 张幻灯片图片比较多,由一幅大图片和三幅小图片组成,我们采用先让大图片显示出来,接下来让小图片从底部依次以"玩具风车"的效果显示出来。

选中第 9 张幻灯片中的大图片,设置"添加效果"→"进入"→"切入"效果,让图片从底部"切入"进来。

选中最底部的小图片,设置"添加效果"→"进入"→"玩具风车"效果,再分别将另外两幅小图片也设置成同样的效果,如图 6.1.63 所示。

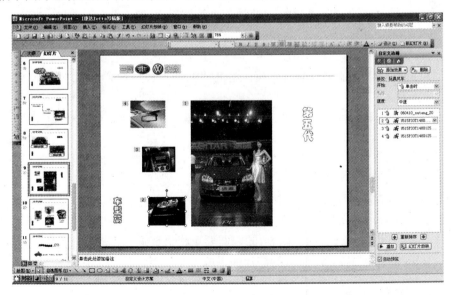

图 6.1.63 多幅图片的"自定义动画"效果

为了便于观众观看,可以设置每一幅图片"出现"延迟时间,选中小图片,单击"动画效果"右侧的箭头，在下拉菜单中选择"计时"命令，如图 6.1.64 所示。

在弹出的"计时"对话框中，将延迟由 0 秒改为 0.5 秒，如图 6.1.65 所示。

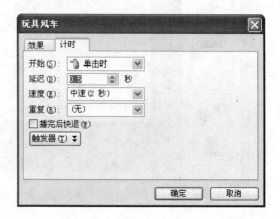

图 6.1.64　"计时"选项　　　　　　　　图 6.1.65　"计时"对话框

将每一幅小图片均设置成一样的延时即可。

单击"播放"按钮，浏览幻灯片的动画效果。

最后值得一提的是"片尾"幻灯片"自定义动画"的设置。"片尾"幻灯片使用了一句宣传口号，这也是产品宣传文稿最常用的一种结尾方式。

宣传口号由两个艺术字组成，我们可以让"汽车价值的典范"旋转而出，然后让"JETTA"以"扩大"的效果显示出来，由此可以更加突出品牌。

为了更能体现出"捷达"轿车的优势，我们还设计了一个环节，让一辆小卡通车缓缓从右侧开出，后面带着一个条幅："空调好、油耗低、皮实耐用"，让人回味无穷。

选中第一个艺术字，设置"添加效果"→"强调"→"陀螺旋"效果，将其"开始"属性设置为"之前"。

选中第二个艺术字，设置"添加效果"→"进入"→"其他效果"→"放大"效果，有种由远而近的感觉，更能突出品牌效果，将其"开始"属性设置为"之后"，以便动画更流畅。

选中卡通小汽车和后面的文本框，单击鼠标右键，选择"组合"→"组合"将两个图形组合在一起。

设置"添加效果"→"进入"→"飞入"效果，将"开始"属性改为"之后"；将"方向"属性改为"自右侧"；再将"速度"属性改为"非常慢"。

单击"播放"按钮，浏览幻灯片整体效果。

全部设置完成后，选择菜单"幻灯片放映"→"观看放映"命令，或者按 F5 键，进行放映幻灯片。也可以从当前幻灯片开始放映，需要单击"普通"视图左下角的"从当前幻灯片开始放映（Shift+F5）"按钮，进行幻灯片的播放。

第 10 步　超链接设置

作为产品宣传文稿，需要满足用户有选择地观看自己感兴趣的内容，对不感兴趣的幻灯片跳跃过去。要实现这一效果最好的方法就是建立超链接。根据产品宣传文稿一般都设有目录这一特点，我们把超链接设置在目录上。

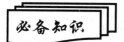

"超链接"指通过单击一个对象从而跳转到另一对象（幻灯片也是一种对象）的过程。其中前一个对象称为"源对象"，后一个对象称为"目标对象"。源对象可以是文字、图片、图形，但不能是影片或声音（因为它们已被赋予了默认"播放"超链接，且不能更改）；目标对象可以是任意对象，包括幻灯片、网址、可打开的文件、可运行的程序、声音等。

这里以"本文档中的位置"链接为例进行介绍。

选中即将作为"超链接"的文本、图形或者图片，单击鼠标右键，选择"超链接"命令，弹出"插入超链接"对话框，在"链接到"列表框中选择"本文档中的位置"，其中"请选择文档位置"下拉列表框包含了以下目标对象。

- 第一张幻灯片：链接到当前演示文稿的第一张幻灯片。
- 最后一张幻灯片：链接到当前演示文稿的最后一张幻灯片。
- 下一张幻灯片：链接到当前幻灯片的后一张幻灯片。
- 上一张幻灯片：链接到当前幻灯片的前一张幻灯片。
- 幻灯片标题：显示所有的幻灯片。
- 自定义放映：可链接到创建的"自定义放映"。

可以根据自己的需要进行选择。

选择第 2 张幻灯片，选中"历史回顾"文字，单击鼠标右键，选择"超链接"命令，弹出 "插入超链接"对话框。

单击左侧"本文档中的位置"按钮，在右侧出现的当前演示文稿的所有幻灯片中，选择"历史回顾"幻灯片（同时右侧后出现该幻灯片的预览缩略图），如图 6.1.66 所示。

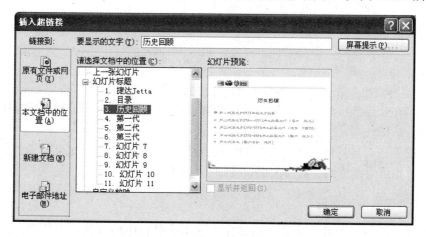

图 6.1.66　"目录"超链接设置

单击"屏幕提示"按钮，打开设置超链接"屏幕提示"对话框，在"屏幕提示文字"文本框中输入"历史回顾"，如图 6.1.67 所示。

图 6.1.67　设置超链接屏幕提示

单击"确定"按钮，关闭对话框，单击"确定"按钮返回幻灯片窗格。

依此类推，将"目录页"中的每一个标题均设置好链接的目标幻灯片。

到现在为止，我们可以从"目录页"达到想到的任何一个主题，但却不能及时返回"目录页"，下面我们就针对这一问题，再进一步设计"超链接"。

选择"历史回顾"幻灯片，选择菜单"幻灯片放映"→"动作按钮"→"[⊲]"命令，如图 6.1.68 所示。

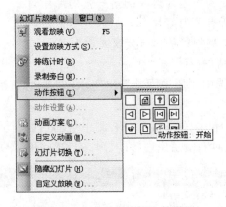

图 6.1.68　"动作按钮"的设置

此时光标为"十"字形，在幻灯片的右下角，画一个开始动作按钮，弹出"动作设置"对话框，在"超链接到"下拉列表框中选择"幻灯片"，在"幻灯片标题"中选择"目录"，单击两次"确定"按钮，返回幻灯片窗格。

用同样的方法，将其余几个关键的幻灯片也插入"动作按钮"，如果要插入的"动作按钮"较多时，也可以通过幻灯片母版来设置。

第 11 步　保存演示文稿

选择"文件"→"保存"命令，或者单击常用工具栏中的"保存"按钮，将制作完成的幻灯片保存到相应的位置。

即时训练

制作一份"个人才能展示"演示文稿。

6.2　随心所欲——演示文稿的打包与输出

任务 2：光盘制作

 知识技能目标

◇ 能随心所欲地放映演示文稿。

◇ 熟练掌握演示文稿的打包与输出。

任务引入

老师：捷达轿车的产品宣传演示文稿制作完成了吗？

学生：已经完成了。

老师：我们下一步工作重点应该是什么呢？那就是如何对我们的演示文稿
　　　进行输出的问题。

学生：好的，我马上进行。

> 对制作好的演示文稿进行播放、打包与输出，最终制作光盘。

任务分析

接到任务以后，学生反复思考，要完成上述工作，首先需要知道如何对幻灯片进行放映、打包与输出。

任务实施

※演示文稿的放映

制作完成演示文稿后，便进入幻灯片的放映阶段，这也是其所有操作设置中看似简单实际却很有学问的地方。放映技巧掌握如何，直接影响到整个幻灯片的效果。

第 1 步　观看放映

四种幻灯片放映方法：

（1）选择"视图"→"幻灯片放映"命令。

（2）选择"幻灯片放映"→"观看放映"命令。

（3）单击窗口左下角的"幻灯片放映"按钮。

（4）按键盘上幻灯片放映的快捷键 F5 键。

第 2 步　放映计时

幻灯片放映中的"排练计时"功能可以有效地控制好时间，比如适合用在产品宣传和论文答辩上，根据具体时间要求来决定文稿的放映速度。

选择第 1 张幻灯片。选择"幻灯片放映"→"排练计时"命令，将进入演示文稿的放映视图，同时弹出"预演"对话框，如图 6.2.1 所示。

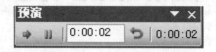

图 6.2.1　"预演"对话框

当播放完最后一张幻灯片后，会弹出如图 6.2.2 所示的对话框，该对话框显示了放映完整的演示文稿所需的时间，并询问用户是否使用这个时间，如果保留，下次播放将按这一时间自动播放。

图 6.2.2　"排练"所需时间对话框

第 3 步　绘图笔的使用

对于交互式的演示文稿，在放映时，如果讲演者对讲述的内容需要解释、说明或者即时发挥时，更改演示文稿已经来不及了，此时可以使用 PowerPoint 提供的"绘图笔"来达到目的，使用它就像使用粉笔在黑板上写板书一样方便，在放映时尽情展示自己的才华。

单击鼠标右键，在弹出的快捷菜单上指向"指针选项"，选择一种绘图笔，如图 6.2.3 所示。

图 6.2.3　"绘图笔"选项

此时单击鼠标左键就可以在幻灯片上任意涂写了。

可以通过"墨迹颜色"来选择绘图笔的颜色。

可以通过"橡皮擦"或者"擦除幻灯片上的所有墨迹"将不需要保留的墨迹擦除掉。

※演示文稿的打包——制作 CD 光盘

课件制作完成后，往往不是在同一台计算机上放映，如果仅仅将制作好的课件复制到另一台计算机上，而该机又未安装 PowerPoint 应用程序，或者课件中使用的链接文件在该机上不存在，则无法保证课件的正常播放。因此，一般在制作课件的计算机上将课件打包成安装文件，然后在播放课件的计算机上另行安装。

第 1 步　课件的打包

如果要在一台没有安装 PowerPoint 的计算机上放映幻灯片，可以用 PowerPoint 2003 提供的"打包"向导，把演示文稿打包，再把打包文件复制到没有安装 PowerPoint 的计算机上，把打包的文件解包后，就可放映幻灯片。

选择"文件"→"打包成 CD"命令。

弹出"打包成 CD"向导对话框，如图 6.2.4 所示。

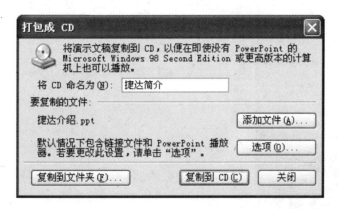

图 6.2.4　"打包成 CD"对话框

输入 CD 名称为：捷达简介。

选择目录，如果是直接刻录在光盘上，单击"　复制到 CD(C)　"按钮，否则单击"　复制到文件夹(F)...　"按钮，选择自己想保存的文件夹。

可以设置链接、播放器及打开文件和修改文件的密码，如图 6.2.5 所示。

设置完成后，单击"确定"按钮，进行幻灯片打包。

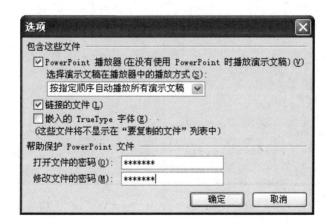

图 6.2.5　"选项"对话框

第 2 步　使用 PowerPoint 播放器放映演示文稿

PowerPoint 播放器（pptview.exe）是专门用来放映演示文稿的软件。若要使用 PowerPoint 播放器打开演示文稿，必须将其安装在计算机上。放映演示文稿时，在打包文件夹中找到 PowerPoint 播放器文件 pptview.exe 的图标，如图 6.2.6 所示，双击后，在"Microsoft Office PowerPoint Viewer"对话框中，选择要放映的文件，如图 6.2.7 所示，单击"打开"按钮即可。

图 6.2.6　打包文件夹中的文件列表

图 6.2.7　"Microsoft Office PowerPoint Viewer"对话框

※演示文稿的打印

制作完成的演示文稿，除了放映之外，还可以打印输出，装订成册，进行保存。

第 1 步　页面设置

在打印演示文稿之前，一般要对其页面进行设置。

选择"文件"→"页面设置"命令，打开"页面设置"对话框，如图 6.2.8 所示。根据需要设置相关内容。

图 6.2.8　"页面设置"对话框

第 2 步　打印预览及打印

在打印前使用打印预览功能，查看是否达到了预期的效果。

选择"文件"→"打印预览"命令，或者单击工具栏中的"打印预览"按钮。

预览效果满意后，选择"文件→"打印"命令，或者单击工具栏中的"🖨"按钮，进行打印。

即时训练

将"个人才能展示"演示文稿制作成 CD 盘，并打印出来。

 本章小结

本章主要通过两个任务，学习了使用 PowerPoint 2003 制作出集文字、图形、图像、声音以及视频剪辑等多媒体元素于一体的演示文稿，把自己所要表达的信息组织在一组图文并茂的画面中，并利用本身的动画效果设置，通过幻灯片放映的形式向观众进行展示。能够将自己精心制作的演示文稿制作成 CD 光盘保存下来，也可以打印输出演示文稿的内容。

第 7 章 安全防护——计算机安全与防护

7.1 防患于未然——信息安全与知识产权

任务 1：做计算机的安全卫士

 知识技能目标

◇ 了解计算机信息安全的含义及常见的安全措施。
◇ 了解计算机病毒的相关知识。
◇ 学会如何防范病毒的侵袭。

📖 **任务引入**

老师：到目前为止，我们的计算机及外部设备已经全部到位，几天来是否遇到什么阻碍？

学生：有，这两天最郁闷的事就是我们的机器经常遭到不同程度的病毒攻击。甚至有的同学的计算机系统几乎处于崩溃状态。

老师：呵呵，这是预料之中的事，要记住这次教训，以后才能做到防患于未然。让我们做计算机的安全卫士吧，为计算机的信息安全与知识产权贡献自己的一份力量。

学生：好呀！

（1）学习做一个遵纪守法的计算机人。
（2）学习计算机病毒的防治。

✐ **任务分析**

　　大家都体会到了病毒给我们带来的后果是多么得严重，随着中国社会信息化建设的不断加快，信息安全的重要性也越来越突出，病毒种类也在成倍递增。广泛使用的间谍软件，让现有监测系统难以侦察，网络恐怖事件和黑客的攻击手段层出不穷，垃圾信息、色情信息大行其道。这些安全隐患，无一不在威胁着计算机用户的数据安全。因此，身为计算机工作者，首先要做一名安全卫士。

✍ 任务实施

第 1 步　做一个遵纪守法的计算机人

要保护知识产权，增强网络法制观和道德观。社会信息化越高，人类对信息的依赖程度越大，计算机犯罪对社会乃至世界的危害也就越大。因此，尊重知识产权已经成为当务之急的事。

计算机软件是脑力劳动的产品，它跟计算机硬件一样，也是一种商品，受法律保护。一个优秀的计算机软件，一般需要众多计算机专业人员和应用人员辛勤工作多年才能研制成功。

利用计算机窃取、行骗、破坏或修改他人计算机内的数据信息等行为都是不道德的行为，甚至是犯罪行为，必将受到人们的谴责以致法律上的制裁。为此，我国颁布并实施了《中华人民共和国计算机信息系统安全条例》，该条例由公安部主管全国计算机信息系统安全保护工作。凡违反规定的由公安机关以警告或停机整顿。任何组织或个人违反规定，给国家、集体或个人财产造成损失的，应当依法承担民事责任。构成违反治安管理行为的，依照有关条例规定处罚。构成犯罪的，依法追究刑事责任。

法律是外部强制性的管束，道德是发自内心的自我约束。如果每个人的道德水平都提高了，法治也就有了基础，就会顺理成章、水到渠成。就从我们自己做起，从现在开始，做一个遵纪守法的人吧。

第 2 步　做计算机的安全卫士

常见计算机的安全措施有以下几个。

（1）设置 CMOS 密码

离开座位时设置屏幕锁定，不要让其他人操作你的计算机，以避免文件被盗取。

（2）保护好用户名和密码

密码不要过于简单，建议密码要包含字母、数字和特殊符号，最好包含大写字母，不要用自己或亲友的生日及电话号码作为你的密码，因为那样很容易被破解。

（3）远离具有磁性的物品和水，水是一切电子元件的克星。

（4）注意散热，CPU 风扇和电源风扇有问题一定要及时更换，避免主板、CPU、硬盘被烧坏。

（5）加强病毒防护。

计算机病毒

第一起轰动世界的计算机病毒事件发生于 1988 年 11 月 2 日晚上，美国最大的计算机网络 Internet 受到了被称为蠕虫（Worm）的计算机程序的攻击。该蠕虫程序在网络上以疯狂的速度进行复制，在短短的半天时间内使得许多大学和美国军方联网使用的 6000 多台计算机瘫痪，无法使用，造成了巨大损失。这是一起在计算机发展史上影响深远的事件，它使人们认识到计算机病毒的存在，计算机病毒对计算机系统的安全构成了极大威胁，对现代信息化社会产生了极其严重的危害。

与生物病毒不同，计算机病毒是一种人为编制的特殊的计算机程序代码。这些程序代码一旦进入计算机后就会隐藏并潜伏起来。待条件适合时，计算机病毒程序就会发作，不断去传染其他未被感染的程序，或通过各种途径传染给其他计算机或计算机网络。同时计算机病毒不断地自我复制，抢占大量时间和空间资源，使得计算机不能正常工作，甚至破坏系统中的程序和数据。因此，人们把这种具有繁殖性、传染性和潜伏性等特征的具有危害性的计算机程序称为"病毒"。

计算机病毒的防治

就像治病不如防病一样，杀毒不如防毒。阻止病毒的入侵比病毒侵入后再去排除更重要。防治感染病毒的途径可概括为两类：一是使用抗毒工具；二是用户遵守和加强安全操作措施。

常用杀毒软件有瑞星、金山毒霸、Norton、卡巴斯基等，都能有效地查杀常见计算机病毒。

计算机用户必备的预防病毒的安全操作措施：

- 安装杀毒软件，并及时更新。
- 安装防火墙，并设置为开机就启动杀毒软件，将病毒库设置为自动升级到最新。
- 使用外来 U 盘或移动硬盘前，先进行病毒的检测。
- 将重要文件，特别是可执行文件设置为"只读"属性。
- 不做非法的软件复制，不使用盗版软件。
- 对网上下载的文件，使用前先进行病毒的检测。
- 上网时不轻易接收陌生人发来的电子邮件。
- 对重要程序或数据要经常做备份，以防一旦染上病毒后还可以尽快得到恢复。
- 严禁在计算机上玩来历不明的电子游戏。
- 定期对计算机系统进行病毒检测。

全面加强计算机安全教育工作，提高安全防范意识和病毒防治技术。加大对制造、传播计算机病毒犯罪行为的打击力度，做到积极预防病毒、及时发现病毒、快速消除病毒和有效打击利用计算机病毒犯罪的行为，为计算机爱好者、使用者们解决后顾之忧。

即时训练

（1）除了任务中涉及的计算机病毒防护的方法，你还有哪些更有效的预防措施？

（2）你认为作为一名计算机安全卫士应该具备哪些素质？

7.2　安全防护你做好了吗？——计算机安全

任务 2：让你的机器快起来

知识技能目标

◇了解造成机器速度慢的原因。

📖 任务引入

学生：老师，这两天我的机器速度可慢了，开机会用很长时间，打开一个网页也很费劲，要是下载一首歌所用的时间更长，这是为什么呀？

老师：出现这种情况的原因很多，开机前有可能是你连接了 U 盘或扫描仪，或是桌面图标太多，也可能是网卡的原因、分区太多、安装的防毒软件等都会不同程度地造成机器运行速度慢。

（1）学会整理计算机；
（2）能够解决机器速度慢的问题。

∽ 任务分析

我们在使用机器时，经常会出现开机时间长、打开或保存一个文件时间长或是登录网页速度慢等现象。这就需要我们看看是不是在启动机器时同时启动了过多程序，是不是机器中毒了，有时即便用了防毒软件也避免不了这些问题，原因很多，我们可以逐一尝试一下解决办法。

✍ 任务实施

必备知识

蠕虫(Worm)是病毒中的一种，具有计算机病毒中的传播性、隐蔽性、破坏性等特征，即它具有病毒的一些共性。但与一般计算机病毒不同，它是主要通过网络传播的恶性病毒，可能会对网络产生攻击或被攻击者所利用。一般的计算机病毒需要传播受感染的驻留文件来进行复制，而蠕虫不使用驻留文件即可在系统之间进行自我复制。普通病毒的传染能力主要是针对计算机内的文件系统而言，而蠕虫病毒的传染目标是网内的所有计算机，如利用计算机中的网络共享端口或系统漏洞进行传播。

木马的概念来源于特洛伊木马，传说的大概情节是关于希腊与特洛伊之间的一场战争，希腊久攻特洛伊不下，就放下一个里边藏有士兵的大木马在城外，并退离城外隐藏。特洛伊人以为希腊不战而退，便把此木马当作战利品拉回城内，并进行庆祝。但是晚上木马中的希腊士兵偷偷出来，打开了特洛伊城门，从而希腊部队取得胜利。计算机中的木马就是由人为的扫描、伪装并注入的控制程序，木马往往来源于网上的可疑文件或程序、网站、邮件等。它是具有欺骗性的文件，是一种基于远程控制的黑客工具，具有隐蔽性和非授权性的特点。木马的主要目标是窃取用户的信息。特洛伊木马有灰鸽子、网银大盗等。

所谓的后门技术是找到或者利用一些已知的漏洞。后门可能是由编程人员有意留的，也可能是程序设计时的缺陷所致，而木马是为了控制或者创造一些漏洞，使攻击者可以实施其所想要达到的控制目的。

一些常用的杀毒软件定义木马病毒的名称前缀为 Trojan、蠕虫病毒的名称前缀是 Worm，等等。

第 1 步　解决开机速度慢的问题

在启动机器前，机器会对各种设备进行检测，如果连接的设备多，就会延长计算机的启动时间，因此请先检查机器有没有连接 USB 硬盘或者连接扫描仪等设备，如果有连接的话，请先断开这些设备，开机后再将这些设备连接上；或者看看有没有光盘在驱动器中，如果光驱中放置了光盘，也请先将光盘取出，开机后再将光盘放入光驱中。

网卡设置不当也会影响开机速度，如果不需要上网的话，就不要安装网卡了，需要上网，请重新设置一下网卡，并设置固定 IP 地址，尽量不要选择"自动获得 IP 地址"，因为，系统在启动时会不断地在网络中搜索服务器，直到获得 IP 地址为止。

请检查当前机器有没有设置文件夹和打印机共享，如果有的话请停止共享文件夹和打印机，选择"开始→控制面板→网络连接"，右击"本地连接"，选择"属性"，如图 7.2.1 所示，在打开的窗口中取消"此连接使用下列项目"下的"Microsoft 网络的文件和打印机共享"前的复选框，重启计算机即可。

图 7.2.1　"本地连接　属性"对话框

如果网络驱动器过多也会减慢开机速度，因此要断开不用的网络驱动器。在桌面上选择"我的电脑"，右击已经建立映射的网络驱动器，选择"断开"即可。

硬盘分区太多也会使启动变得很慢，因为机器在启动时必须装载每个分区，随着分区数量的增多，完成此操作的总时间也会不断延长。

桌面图标太多也会降低系统启动速度。每次启动并显示桌面时，需要逐个查找桌面快捷方式的图标并加载它们，图标越多，花费的时间就会越多。因此，我们应将不常用的桌面图标放到一个专门的文件夹中或者删除。

有些杀毒软件提供了系统启动扫描功能，这将会耗费非常多的时间，请将这项功能禁止。

请将不用或不常用的字体删除，删除前做好必要的备份工作。

Windows XP 的某个补丁也会造成系统启动变慢，如果属于这种情况，请下载并安装对应的补丁。

机器所配置的防毒软件也会造成系统启动变慢，如果系统安装了 360 防毒软件，当机器启动时需加载此软件，造成机器启动变慢。

内存容量小也会造成系统启动变慢，这时就需要考虑增加内存容量了。

第2步　解决文件或网页打开速度慢的问题

加大虚拟缓存：在桌面上选择"我的电脑"，单击鼠标右键，选择"属性"→"高级"，弹出如图 7.2.2 所示"系统属性"对话框，选择"性能"→"设置（S）"→"高级"选项，弹出如图 7.2.3 所示"性能选项"对话框，选择"虚拟内存"→"更改"，如图 7.2.3 所示。弹出"虚拟内存"对话框，如图 7.2.4 所示，选择"D：[安装软件]"，在"初始大小"设置 400（一般设置在 288～400 之间），"最大值"设置 700（一般设置在 600～700 之间），设置好以后，单击"设置"→"确定"使设置生效，在"D：[安装软件]"处显示"400-700"，如图 7.2.5 所示。

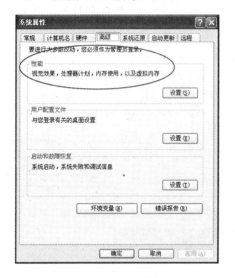

图 7.2.2　"系统属性"对话框

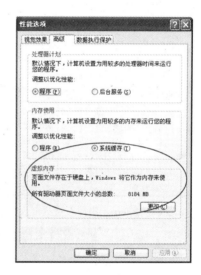

图 7.2.3　"性能选项"对话框

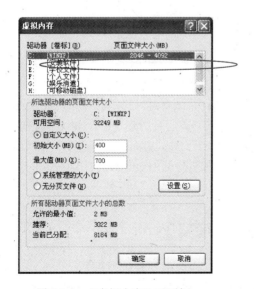

图 7.2.4　"虚拟内存"对话框

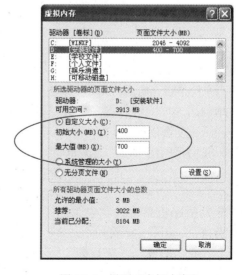

图 7.2.5　设置"虚拟内存"

检查当前机器中打开的文件是不是过多，如果过多的话，请将不需要的文件一一关闭。

即时清理 IE 上的垃圾文件：在桌面上选中"Internet Explorer"，单击鼠标右键，选择"属性"，弹出如图 7.2.6 所示"Internet 属性"对话框，在"浏览历史记录"下选中"退出时删除浏览历史记录（W）"复选框，选择"删除"，弹出如图 7.2.7 所示"删除浏览的历史记录"对话框，请根据个人需要选择相应复选框，如选中"Cookie（O）"复选框，就会将"网络存储在计算机上的文件"全部删除。单击"删除"按钮，这时系统就会将复选框对应的内容全部删除，如图 7.2.8 所示。

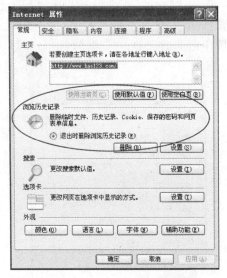

图 7.2.6 "Internet 属性"对话框

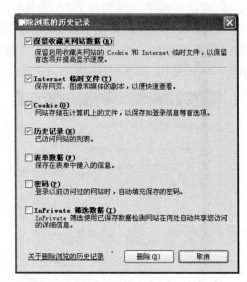

图 7.2.7 "删除浏览的历史记录"对话框

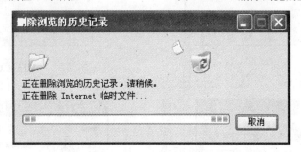

图 7.2.8 "删除浏览的历史记录"操作过程中

检查系统是否有病毒，尤其是蠕虫类病毒，严重消耗系统资源，打不开页面，甚至死机。

本地网络速度太慢，得多台计算机共享上网，或共享上网用户中有大量下载时也会出现打开网页速度慢的问题。

如果我们是电信用户，当浏览网通网站时，也会出现打开网页速度慢的问题。

第3步　解决机器死机问题

要定期清除机箱中的灰尘，如果机箱中存储了大量的灰尘，灰尘就会接触配件的电路，从而使系统不稳定或死机。

不要在我们的机器硬盘上安装太多的操作系统，这样会引起系统死机。

当我们更换计算机配件时，一定要插好更换配件，否则配件接触不良会引起系统死机。

　　不要轻易使用来历不明的软盘和光盘，也不要轻易打开来历不明的文件，如对 E-mail 中所附的软件，要用 KV3000、瑞星等杀毒软件检查后再使用，以免传染病毒后，使系统死机。不要使用盗版的软件，因为这些软件里隐藏着大量的病毒，一旦执行，会自动修改你的系统，使系统在运行中出现死机。若有使用，请事先杀毒以防万一。

　　不要在应用软件未正常结束时关闭电源，否则会造成系统文件损坏或丢失，引起自动启动或者运行中死机。特别是 Windows98/2000/NT 等系统，更容易受到破坏。

　　在安装应用软件时，如果出现提示对话框"是否覆盖文件"，建议选择不要覆盖。

　　在卸载软件时，不要删除共享文件，因为某些共享文件可能被系统或者其他程序使用，一旦删除这些文件，会使应用软件无法启动而死机，或者出现系统运行死机。

　　我们要养成对于系统文件或重要文件设置为隐含属性的习惯，这样才不致因误操作而删除或者覆盖这些文件。选中所要设置的系统文件或重要文件，单击鼠标右键，选择"属性"，弹出如图 7.2.9 所示的"计算机操作与使用.doc 属性"对话框，选中"隐藏"复选框，单击"确定"按钮退出，完成设置。

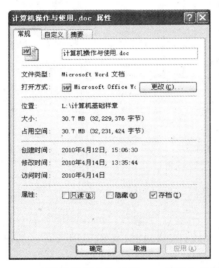

图 7.2.9　"计算机操作与使用.doc 属性"对话框

　　在使用杀毒软件检查硬盘或者执行磁盘碎片整理期间，不要运行大型应用软件，否则会引起死机。

　　在上网的时候，不要一次打开太多的浏览窗口，否则，将导致资源不足，引起死机。

　　当我们选择正常关闭计算机的时候，不要关闭电源或者直接按机箱中的电源按钮，这样会引起文件的丢失，使下次不能正常启动，从而造成系统死机。

　　要注意 CPU、显示卡等配件温度，不要超频过高，否则，在启动或运行时会莫名其妙地重启或死机。

　　最好不要选用软件的测试版，因为测试版在某些方面不够稳定，使用后会使系统无法启动。

即时训练

1. 关闭不使用的服务

　　一般关闭如下服务：Messenger、Remote Registry、ClipBook、Computer Browser、

Indexing Service、DNS Client、Server、Workstation、TCP/IP NetBIOS Helper、Terminal Services、Help and Support、Print Spooler。不要运行不必要的服务，尤其是 IIS，如果不需要它，就不要安装。IIS 存在许多安全上的隐患。关掉大部分不使用的服务后，系统的资源占用率有了大幅度的下降，系统运行也更加顺畅、安全。

　　关闭服务的方法是依次单击"开始→设置→控制面板→管理工具→服务"，如图 7.2.10 所示。以关闭 DHCP Client 服务为例，选中后单击鼠标右键，选择"停止"，服务即关闭（此服务如果关闭，计算机将不能自动获取地址）。如果想使此服务不跟 Windows 系统一起启动，需用鼠标右键点击服务名称并选择"属性"菜单，在"常规"选项卡中把"启动类型"改成"手动"，再单击"停止"按钮，如图 7.2.11 所示。

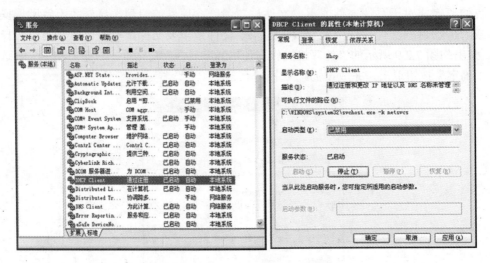

图 7.2.10　　"服务"窗口　　　　　　　图 7.2.11　　设置启动类型

　　另外还可以在单击"开始→运行"输入"msconfig"命令后确定，选择不要随计算机启动而运行的程序（特别是一些软件强行在计算机上以服务的方式运行，为计算机带来安全隐患），去掉前面的对勾后确定即可，还可以通过第三方软件，如瑞星卡卡上网安全助手来完成此任务，如图 7.2.12 所示。

图 7.2.12　　"系统配用实用程序"对话框

2. 用户账户与密码安全

账户与密码的使用通常是许多系统预设的防护措施。事实上，有许多用户的密码是很容易被猜中的，或使用系统预设的密码，甚至不设密码。用户应该要避免使用不当的密码、系统预设密码或使用空白密码。也可以配置本地安全策略要求密码符合安全性要求。

利用 Windows XP 系统自带的"本地安全策略"可以使系统更安全。单击"控制面板→管理工具→本地安全策略"后进入。常采取的策略有：禁止枚举账号、加强账户管理、指派本地用户权利、用 IP 策略限制端口、加强密码安全策略等。

任务 3：修复网页主页及防火墙的配置与使用

 知识技能目标

◇ 学会修改网页主页。
◇ 学会防火墙的配置与使用。

📖 **任务引入**

学生：老师，我的网页主页原来是 hao123（www.hao123.com），现在却变成另一个网页了，我修改过，可是重新运行之后，主页还不是 hao123，这该怎么办呀？

老师：这是因为你下载的软件恶意修改了你的主页，不管你怎么修改，下次进去还是这个主页，下面我们一起来解决这个问题吧。

（1）能够处理解决被恶意修改的网页主页。
（2）能够进行防火墙的配置与使用。

〰 **任务分析**

当我们下载安装一些软件后，原来设置好的主页经常被恶意修改，修改回原来的主页后，再重新浏览网页时，又恢复为恶意修改的网页，本节通过实例来解决这个问题。

✍ **任务实施**

※修复网页主页

阻止恶意代码修改注册表：安装最新的杀毒软件，打开实时监控保护上网安全；不要浏览不知道或者不熟悉的网站；Win2000 用户用禁止远程编辑注册表；下载优化大师、超级兔子魔法设置、金山注册表恢复器等恢复 IE 设置；屏蔽一些网站，即在 IE 浏览器中选择菜单栏的"工具"→"Internet 选项"→"内容"→"内容审查程序"，如图 7.2.13 所示，单击"启用"按钮，在弹出的"内容审查程序"对话框中切换到"许可站点"标签，如图 7.2.14 所示，输入您想屏蔽的网站网址，随后单击"从不"按钮，再单击"确定"按钮即可。

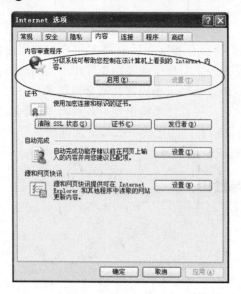

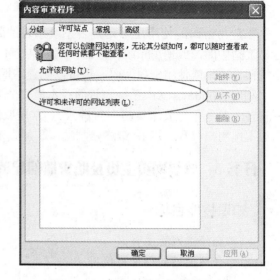

图 7.2.13 "Internet 选项"对话框——内容选项　　　图 7.2.14 "内容审查程序"对话框

第 1 步　通过修改"hosts"文件修复网页主页

打开"C:/WINDOWS/system32/drivers/etc/"目录，找到"hosts"文件，用记事本打开，如图 7.2.15 所示，将文件中除"127.0.0.1 localhost"以外的内容全部删除并保存。

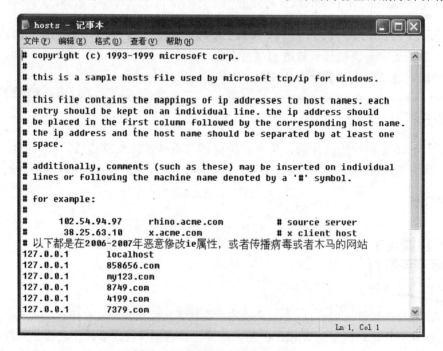

图 7.2.15 "hosts—记事本"窗口

在 IE 浏览器中选择菜单栏的"工具"→"Internet 选项"→"常规"选项，在"主页"文本框中输入 http://www.hao123.com，单击"确定"按钮退出。

第 2 步　通过注册表修复网页主页

在 Windows 启动后，选择"开始"→"运行"菜单项，在如图 7.2.16 所示的"运行"
对话框中输入"regedit"，单击"确定"按钮，弹出"注册表编辑器"窗口。

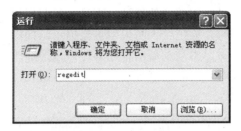

图 7.2.16　"运行"对话框

展开"HKEY_LOCAL_MACHINE"→"SOFTWARE"→"Microsoft"→"Internet
Explorer"→"Main"，如图 7.2.17 所示，在右侧窗口中双击串值"Start Page"，将 Start
Page 的键值改为"about:blank"，如图 7.2.18 所示，单击"确定"按钮。

图 7.2.17　"注册表编辑器"窗口

图 7.2.18　"编辑字符串"对话框

按"F5"键刷新，退出注册表编辑器，重新启动计算机。

在 IE 浏览器中选择菜单栏里的"工具"→"Internet 选项"→"常规"选项，在"主
页"文本框中输入 http://www.hao123.com，单击"确定"按钮退出。

※防火墙的配置与使用

当在计算机中初次安装好瑞星防火墙软件后，瑞星防火墙软件会自动识别用户计算机所处的网段、计算机中已经运行的通信程序。对于像 QQ、大智慧等常用网络工具软件，防火墙会自动放行，但对于不是常用的通信软件、木马、后门程序等，初次打开要进行网络通信（开启网络端口）的程序时，瑞星个人防火墙也会提示，如图 7.2.19 所示。这时只要不是我们熟悉的软件，如蠕虫病毒、木马及后门程序等，可以选择"总是拒绝"按钮，对于我们经常使用的通信程序，如 QQ、飞鸽传书等，可选择"总是允许"按钮，一定要仔细判断后再进行选择。

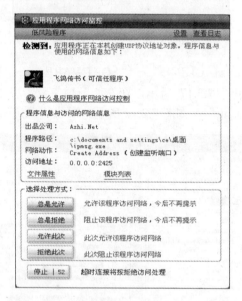

图 7.2.19 "应用程序网络访问监控"对话框

很多时候由于防火墙没有正确配置，导致合法的通信程序无法正常运行，如同一办公室相同网段的计算机之间无法共享文件、共享打印机，无法使用多媒体教学软件等，这时，比较简单的处理方法是，打开瑞星个人防火墙软件，选择"设置"→"网络监控"→"IP包过滤"→"可信区设置"→"增加"，"弹出可信区设置"对话框，如图 7.2.20 所示。输入可信区名称，如"Office"；在本地地址中选择"所有地址"，在对方地址中选择"地址范围"，并输入用户计算机所处的局域网的地址范围，可根据办公室内的具体地址进行设定，选择与输入完成后单击"确定"按钮，并应用即可生效，这样就可以在同一办公室内进行共享文件、共享打印机等操作了。

对于 ARP 攻击瑞星防火墙软件也有专项防护设置。ARP 攻击发生时，会导致外网无法访问，其原理是：ARP 攻击源不断发送 ARP 欺骗数据包，欺骗用户计算机，使其误认为网关MAC 地址发生变化。如果设置 ARP 静态规则，将网关 IP 地址与真实的 MAC 地址进行绑定，就可以提供防护功能。打开"瑞星个人防火墙"窗口，选择"网络安全"→"ARP 欺骗防御"，如图 7.2.21 所示，单击"设置"按钮，弹出如图 7.2.22 所示的对话框，单击"ARP 静态规则"→"增加"按钮，弹出如图 7.2.23 所示的 EasyRecovery Data Recovery 运行界面，输入 IP 地址及 MAC 地址，完成地址绑定。

图 7.2.20　"可信区设置"对话框　　　　图 7.2.21　"瑞星个人防火墙"——网络安全窗口

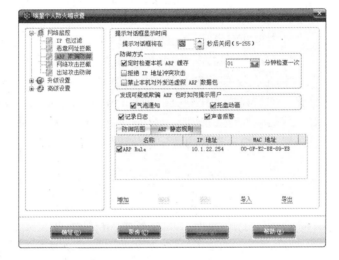

图 7.2.22　"瑞星个人防火墙设置"对话框

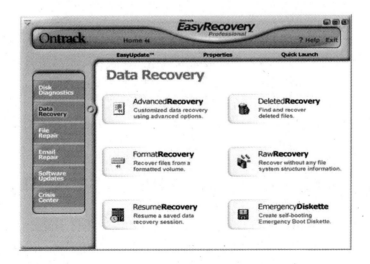

图 7.2.23　EasyRecovery Data Recovery 运行界面

即时训练

1. 通过工具软件修复网页主页

下载 360 安全卫士软件，安装后击清理恶评插件功能，在 360 界面上选择"高级→修复 IE"，然后在左下角单击"全选"项，并立即修复就可以了。

升级木马库，并进行全盘查杀木马。在 IE 浏览器中选择菜单栏上的"工具"→"Internet 选项"→"常规"选项，在"主页"文本框中输入 http://www.hao123.com，单击"确定"按钮退出。

2. 数据恢复

在使用计算机的过程中，经常会遇到文件被误删除的情况，这时就要利用数据恢复软件对删除的文件进行恢复，同样对于一般格式化的磁盘数据也是可以恢复的，因为在执行删除或一般的格式化时，文件内容并没有被真正删除，只是指向文件的索引被删除了，这好比一本书的目录被删除了一样，内容还存在，这就为磁盘数据的恢复提供了条件。

这里介绍数据恢复软件是在没有备份的基础上对各种原因引起的数据丢失的恢复，如对误删除的文件进行恢复、对硬盘格式化数据的恢复、对 U 盘数据丢失的恢复等，因此称之为"数据修复"更好。这类软件有 FinalData、EasyRecovery、Recoverall 等，这些软件可以进行文件级的恢复，当然也有很多专业的数据修复软件及工具。数据修复及保护必须清楚几个概念：

（1）磁盘文件删除及快速格式化（即使分区遭到一定的破坏）是可以恢复的。

（2）在发现数据文件丢失后，在恢复前不要向磁盘写入新的数据。

（3）平时的文档尽量不要存放在桌面，也不要存放在系统盘（操作系统安装的光盘，通常为 C 分区）下，因为系统盘所在的分区数据交换读写较频繁，系统的虚拟内存默认情况下是使用此分区的剩余空间，这给数据的恢复带来了麻烦，因为要修复的数据文件可能被后续的写入数据覆盖。另外，系统无法正常启动使得系统重做而带来麻烦（因为这些文件存放在所要安装系统的分区下）。

（4）对于硬盘分区表损坏的情况，可以巧妙地运行 Ghost 软件进行硬盘数据克隆（先把损坏的硬盘做一下备份），以免修复失败而造成数据二次损坏，然后进行硬盘分区表修复，修复启动系统后可首先对系统进行杀毒处理，再对硬盘数据进行备份。

（5）U 盘是易损设备，经常由于病毒破坏或物理损坏造成分区无法识别，对于物理损坏的原因是晶振摔坏或接口松动，可以考虑更换晶振或重新焊接接口，再对数据进行修复。

（6）操作系统由于病毒或系统文件丢失，可以考虑使用系统修复光盘启动系统进行修复。

（7）可以借助 WinHex 这样的 16 进制文件编辑与磁盘编辑软件为文件恢复提供帮助。

（8）在不同的情况下的数据修复要进行反复的尝试。

EasyRecovery 是非常强大的硬盘数据恢复工具，如图 7.2.24 所示。是世界著名数据恢复公司 Ontrack 的产品。能够恢复丢失的数据以及重建文件系统。EasyRecovery 不会向原始驱动器写入任何数据，它主要是在内存中重建文件分区表使数据能够安全地传输到其他驱动器中，可以从被病毒破坏或是已经格式化的硬盘中恢复数据。该软件可以恢复大于 8.4GB

的硬盘，支持长文件名。被破坏的硬盘中如丢失的引导记录、BIOS 参数数据块、分区表、FAT 表、引导区都可以由它来进行恢复。并且能够对 ZIP 文件以及微软的 Office 系列文档进行修复。专业版具有磁盘诊断、数据恢复、文件修复、E-mail 修复等 4 大类目 19 个项目的各种数据文件修复和磁盘诊断方案。

一般较常用的是"Data Recovery"项目下的"Advanced Recovery"、"Deleted Recovery""Format Recovery"等项目（参见图 7.2.23）。如想恢复某个分区下的文件，选择相应项下的对应分区即可，如图 7.2.24 所示。

3. 利用 PE 修复光盘修复 NTLDR 文件丢失的系统故障

当操作系统受损无法启动时，需要有一张光盘能够通过光盘引导加载系统，对病毒破坏或误操作删除系统文件后的系统进行修复，对于微软操作系统用户来说，可以使用具有 Windows PE（Windows 预安装环境）和 ERD 的光盘，当然这要求光盘本身没有被病毒感染。这样的光盘可以自己制作，如利用 EasyBOOT 等软件。也可以在网上获取或利用目前市面上的 XP 系统的 Ghost 版光盘中的 PE 启动系统进行修复。这些功能也可以制作到一个启动 U 盘上，通过设置计算机从 USB 设备启动引导，也可以完成此功能。下面以较常见的 NTLDR 文件丢失的操作系统修复为例，讲解操作系统的修复过程。

NTLDR 文件丢失的系统故障是较常见的一种系统故障，NTLDR 文件丢失系统无法启动，开机后会显示如下提示信息。多数用户会重新安装系统，但由于系统盘下有重要的文件，要复制出来再重新安装，此时可以借助 PE 光盘（XP 的 Ghost 版光盘中有）启动操作系统到 PE 界面下，把重要的文件复制到非系统分区下再安装系统。

其实 NTLDR 文件丢失是可以修复的，不必重新安装系统。具体步骤是：从能正常启动的计算机的系统盘根目录下复制 NTLDR 文件（隐藏的系统文件）到 U 盘中；利用带有 PE 的光盘启动故障计算机；成功加载光盘中的系统后，插入 U 盘，并将 NTLDR 文件复制到故障计算机的系统盘根下即可修复此故障。

 本章小结

本章主要通过 3 个任务，学习了计算机安全防护方面的知识。要求我们不要做违法、违规之事，并能够适时保护自己的机器，成为一个名副其实的安全卫士。